钒钛基多主元固溶体储氢合金基础研究

罗 龙 著

U0395319

东北大学出版社
·沈 阳·

图书在版编目（CIP）数据

钒钛基多主元固溶体储氢合金基础研究 / 罗龙著
. — 沈阳： 东北大学出版社，2023.6
ISBN 978-7-5517-3277-2

Ⅰ. ①钒… Ⅱ. ①罗… Ⅲ. ①固溶体－储氢合金－研
究 Ⅳ. ①TG139

中国国家版本馆 CIP 数据核字（2023）第 105504 号

出 版 者：东北大学出版社
　　　　　地址：沈阳市和平区文化路三号巷 11 号
　　　　　邮编：110819
　　　　　电话：024-83680176（编辑部） 83687331（营销部）
　　　　　传真：024-83680182（总编室） 83680180（营销部）
　　　　　网址：http://www.neupress.com
　　　　　E-mail: neuph@ neupress.com
印 刷 者：沈阳市第二市政建设工程公司印刷厂
发 行 者：东北大学出版社
幅面尺寸：170 mm×240 mm
印 　 张：13.75
字 　 数：232 千字
出版时间：2023 年 6 月第 1 版
印刷时间：2023 年 6 月第 1 次印刷
策划编辑：刘桉彤
责任编辑：白松艳
责任校对：刘桉彤
封面设计：潘正一
责任出版：唐敏志

ISBN 978-7-5517-3277-2 　　　　　　　　　定 价：68.00 元

前　言

钒基合金具有高储氢量、吸氢条件温和、抗粉化性能好和动力学性能优越等优点，是极具应用潜力的储氢材料之一。虽然近些年取得了一定的进展，但放氢效率及活化性能较低，且对合金成分对吸放氢平台压等性能的影响还缺乏系统研究。著者在查阅大量资料的基础上，确定以中钒 V-Ti-Cr-Fe 储氢合金为研究对象，采用 XRD，SEM，EDS，TEM 等材料分析方法对合金微观结构和相组成进行了研究，借助吸放氢性能测试手段测试了合金的储氢性能，系统研究了成分调控、热处理、掺杂 Al 及稀土对合金微观结构和储氢性能的影响。

首先，采用电弧熔炼制备了合金 $V_{48}Fe_{12}Ti_{15+x}Cr_{25-x}$（$x = 0$，5，10，15），合金均由 BCC 主相和少量的 Laves 相及富 Ti 相组成，BCC 相的晶格常数随着 Ti 含量增加而逐渐增大。对吸放氢动力学机制进行研究，结果表明，吸氢过程有两个阶段反应机制，第一阶段是形核长大机制，第二阶段是三维扩散机制；在放氢过程中，第一阶段反应机制是几何收缩模型，第二阶段是三维扩散机制。三维扩散机制是整个吸放氢过程的速率控制步骤。本书对合金中氢原子扩散进行了研究，研究结果表明，主相晶格常数越大，氢原子扩散系数越大；吸氢过程中氢原子扩散系数以三相指数衰减函数形式随反应时间变化；氢原子在合金中的扩散系数比在氢化物中大两个数量级。吸氢量随着 Ti 含量增加而逐渐增大：当 $x = 15$ 时，吸氢量最大，质量分数为 2.94%；当 $x = 0$ 时，吸氢量最小，质量分数仅为 1.98%，但是放氢率高达 88.4%。对放氢平台压研究发现，在一定温度下，放氢平台压随着 Ti/Cr 物质的量比增加成指数关系递减，这种关系对 V-Ti-Cr 和 V-Ti-Cr-Fe 系列合金具有普适性。计算吸放氢反应焓可得，随着 Ti 含量增加，合金放氢焓逐渐增大。

其次，将 $V_{48}Fe_{12}Ti_{15}Cr_{25}$ 合金在 1273 K 退火 10 h。退火后，合金 BCC 主相的晶格常数略有增加。退火合金的吸放氢平台压减小，吸氢量降低。退火合金放氢焓变大，热处理使得合金形成的氢化物更加稳定。铸态和退火态合金的放氢表观活化能分别为 62.01 kJ/mol 和 58.70 kJ/mol，表明低温和长时间退火处理降低了合金放氢表观活化能，提高了放氢动力学性能。

再次，研究了掺杂原子数分数为 1% 的 Al 对 $V_{48}Fe_{12}Ti_{15}Cr_{25}$ 合金储氢性能的影响。研究结果表明，掺杂 Al 提高了合金吸氢动力学性能，降低了吸氢量及放氢动力学性能。通过范特霍夫方程计算得出掺杂 Al 的合金放氢焓减小，氢化物稳定性变弱。

然后，研究了掺杂原子数分数为 1%~5% 的 La 对 $(V_{48}Fe_{12}Ti_{30}Cr_{10})_{100-x}La_x$ 合金微观结构、相组成及吸放氢性能的影响。研究结果表明，掺杂 La 后合金 BCC 主相的晶格常数变大，但没有随着掺杂量增加而逐渐增大，晶格常数为 0.3043 nm。掺杂 La 的合金中有四种相存在，即 BCC 相、Laves 相、纯 La 相和 La_2O_3 相，母合金中存在的富 Ti 相没有出现。掺杂 La 能够明显提升合金的活化性能和吸氢动力学性能，吸氢达到饱和量的 90% 仅需 1 min 左右。合金吸氢量随着 La 掺杂量增加先增大后减小，在 $x=1$ 时合金吸氢量最大，室温下质量分数为 3.18%；在 $x=2$ 时有效放氢量最大，室温下质量分数为 1.83%，放氢效率为 58.5%。吸放氢反应焓计算结果表明，吸氢焓 ΔH_{abs} 随着掺杂量增加逐渐减小，掺杂 La 提高了合金吸氢热力学性能，有利于吸氢反应进行；放氢焓 ΔH_{des} 随着掺杂量增加先增大后逐渐减小，$x=1$ 时，氢化物放氢焓最大。对循环性能进行研究，结果表明，掺杂 La 能够明显降低合金在循环过程中的晶格畸变程度，提高合金吸放氢循环稳定性。

最后，研究了掺杂 Ce，Y，Sc 对 $(V_{48}Fe_{12}Ti_{30}Cr_{10})_{98}RE_2$ 合金的微观结构、相组成及吸放氢性能的影响。合金掺杂 Ce，Y，Sc 后，主相 BCC 晶格常数比掺杂 La 均变大，分别为 0.3047，0.3048，0.3047 nm。除 BCC 相和 Laves 相以外，掺杂 Ce 合金中存在少量纯 Ce 相和 CeO_2 相，掺杂 Y 合金中只有纯 Y 相，但是掺杂 Sc 合金中发现了由多种合金元素组成的富 Sc 相。合金都表现出非常优异的活化性能。不同稀土元素掺杂对合金吸放氢动力学机制及速率控制步骤没有影响。掺杂 Ce，Y，Sc 的合金吸氢量均高于掺杂 La 的合金，其中，掺杂 Y 合金吸氢量最大，在 295 K 下，吸氢量质量分数为 3.41%。对合金吸放氢反应焓进行计算，结果表明，掺杂 Y 合金形成的氢化物最稳定。

本书通过改变钒基合金中 Ti、Cr 的含量，研究了钒基合金的微观结构、吸放氢热力学与动力学等储氢性能的变化规律，并研究了相对低温长时间热处理对合金相组成、微观结构及吸放氢热力学与动力学等性能的影响。同时在合金中掺杂了不同的稀土元素，并对合金相组成、微观结构、吸放氢动力学、吸放氢热力学、放氢活化能等性能的影响进行了系统研究与分析。本书对钒基储氢合金的基础研究及应用具有指导意义。

本书得到了国家自然科学基金（52261041）、内蒙古自然科学基金（2022MS05011，2022FX02）、内蒙古科技重大专项（2021ZD0029）和内蒙古自治区直属高校基本科研业务费项目的资助支持。

由于著者水平有限，书中难免存在错误或不完善之处，敬请读者指正。

著　者

2023 年 3 月

目　录

第1章 绪 论

在社会发展中，人类赖以生存的主要能源一直随着社会活动的发展而发展。当今世界严重依赖化石燃料，1950 年以来，随着人口增长和生活方式的改变，能源需求迅速增长，如图 1.1 所示，预计到 2035 年达到峰值。随着经济发展，能源短缺和环境污染问题日益严重，严重制约经济绿色可持续发展。所以，寻找可持续和清洁的能源成为科学家追求的目标。全世界努力通过发展无碳和生态友好的能源系统，减少二氧化碳排放来抑制全球变暖。与此相关的各种可再生能源，如太阳能、风能、潮汐能、生物质能、海浪能和地热能，正在被深入研究。现阶段应用比较广泛的是风能和太阳能，但是风能受地域和季节的限制；太阳能分布广泛但转化成本太高，同时还受天气条件的影响，目前无法大规模推广；潮汐能来自海洋，而地热能则来自地壳内炽热的岩石和流体，因此这两种形式的能量通常取决于地理位置。更重要的是，以上这些能源很难储存和运输。所以，最关键的先决条件是开发一种适宜的、生态友好的能源载体，用来高安全性储存和运输可再生能源。

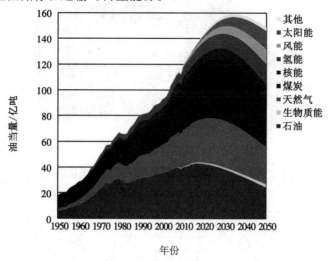

图 1.1 世界主要能源消耗[1]

氢来源丰富，如海水、生物质等都含有氢，而且反应产物是水，没有污染，能量密度为 120~142 MJ/kg，是石油的三倍，被认为是解决化石燃料枯竭问题和保护地球环境很好的能源载体。但是氢气是易燃、易爆的活泼性气体，确保储存和转运安全是亟待解决的问题。从使用角度来说，氢的存储是"氢经济"的重点，所以，储氢在设计未来清洁能源系统方面吸引了越来越多研究者的兴趣。

储氢方式主要有气态储氢、液态储氢、固态储氢。目前，最为经济和方便的储存方式是气态储氢，将氢气压缩并存储于气瓶中，方便转移和使用。但是该存储方式储气量有限，体积密度小，想要存储量更大，就需要更大的压力，这就对气瓶材料强度提出了更大的挑战，所以这种方式不适合大规模应用。液态储氢是将压缩后的氢气冷却形成高密度液体。液化方法增加了体积储氢密度，但需要将氢冷却至 20 K。此外，为了确保氢保持液态，储氢系统环境温度需要维持在 20 K 以下，否则极不安全。这种存储方式有两个弊端：第一，液化氢气需要大量能源；第二，液态氢存放时容易挥发。所以该方法也不理想。固态储氢是将氢气通过物理吸附、化学吸附甚至用化学反应的方式与固态材料结合起来。图 1.2 是以不同存储方式储存 4 kg 氢的体积大小示意图，可以看出，采用固态储氢可以加大氢气的体积密度。表 1.1 列出了不同储氢方式的体积储氢容量和质量储氢容量。相比之下，固态储氢的体积储氢容量和质量储氢容量要大得多。所以，固态储氢是目前最为理想和安全的储氢方式。

图 1.2　不同方式存储 4 kg 氢的体积大小示意图[2]

表 1.1 不同储氢方式的体积储氢容量和质量储氢容量[2]

储氢方式	密度/$(g \cdot cm^{-3})$	单位体积 H 原子数/cm^{-3}	储氢容量(质量分数)/%
气态 H_2	0.008	0.5×10^{22}	100.0
液态 H_2	0.070	4.2×10^{22}	100.0
液态 H_2O	1.000	6.7×10^{22}	11.2
$FeTiH_2$	5.600	6.2×10^{22}	1.9
$LaNi_5H_6$	6.500	7.0×10^{22}	1.4
VH_2	5.000	11.2×10^{22}	3.8
MgH_2	1.400	6.7×10^{22}	7.6

1.1 储氢材料的分类与发展

21 世纪 60 至 70 年代初期,$LaNi_5$、Mg_2Ni、Zr 合金、TiFe 等合金先后被发现具有可逆吸放氢的性能。此后,科学家及研究人员通过各种方式研究出种类繁多、性能各异的储氢材料。

1.1.1 金属储氢材料

金属元素或由金属元素组成的化合物与氢气反应,可以生成二元或更高的氢化物。氢分子在金属材料表面解离成氢原子,并通过在材料晶格的间隙扩散进入主体。在一定的温度和氢压条件下,大多数金属元素都会以这种方式吸氢。然而,氢化物(MH_x,其中 M 是金属元素,x 是氢化物化学计量)通常太不稳定或太稳定,不能用作实际的储氢材料。当两种或两种以上金属元素结合,特别是形成稳定氢化物的金属元素和形成不稳定氢化物的金属元素组合时,所得合金或金属间化合物倾向于形成具有中间稳定性的氢化物。这类合金通常由两种金属成分 A 和 B 按照一定的化学计量比组成。A 和 B 分别生成氢化物 AH_x 和 BH_y,生成焓为 ΔH_A 和 ΔH_B,分别代表稳定和不稳定的氢化物。如上所述,生成的金属氢化物 $A_mB_nH_z$(其中,m 和 n 是整数,z 是实数),ΔH_{AB} 生成焓值满足 $\Delta H_A > \Delta H_{AB} > \Delta H_B$,改变比率 n/m,可以调节 ΔH_{AB} 的值。组分 A 和 B 通常也可被尺寸或化学性质相似的其他元素完全或部分取代。金属间化合物储氢材料可以用化学计量比区分,例如 AB_5,A_2B_7,AB_3,AB_2,AB,A_2B 等。

1.1.1.1 AB₅型储氢合金

AB₅型储氢合金主要应用于 Ni-MH 电池负极材料,它的典型代表是 LaNi₅ 合金,如图 1.3 所示。该合金具有 CaCu₅六方结构,空间群 P6/mmm,La(1a)位于(0 0 0),Ni(2c)位于(1/3 2/3 0),Ni(3g)位于(1/2 0 1/2)[3-4]。该结构有三个八面体间隙位置和三个四面体间隙位置,H 原子优先占位 A₂B₂,AB₃和 B₄这三个四面体间隙位置。一个 LaNi₅晶胞可以吸收 6 个 H 原子形成 LaNi₅H₆,吸放氢反应方程为

$$LaNi_5 + 3H_2 \longleftrightarrow LaNi_5H_6 + 30.8 \text{ kJ/mol} \qquad (1.1)$$

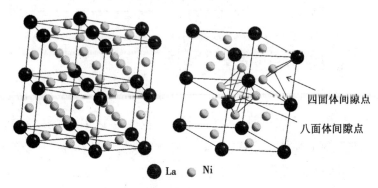

四面体间隙点

八面体间隙点

● La ● Ni

图 1.3 LaNi₅合金的晶体结构[3-4]

体积储氢量为 0.115 g/cm³,质量储氢量为 1.4%(质量分数)。LaNi₅合金由于循环过程中粉化严重而不符合实际应用要求。为了改善其循环性能,研究人员用合金元素替代镧(La)和镍(Ni)来提高 LaNi₅合金的循环寿命。1984 年,飞利浦实验室取得重大突破,他们用钴(Co)部分替代镍,极大地改善了 LaNi₅的循环寿命,这一发现是镍氢电池进入市场的关键。此后,为了提高这类合金的整体性能,降低成本,人们进行了大量的研究。总之,A 侧(La)被混合稀土(Mm)或富镧混合稀土(Ml)取代,B 侧(Ni)部分被钴、锰、铝、锡、铁、铬或铜取代。其中,MlNi₃.₅₅Co₀.₇₅Mn₀.₄Al₀.₃合金在当今的镍氢电池中应用最为广泛,已经充分满足了实用电池的要求。但是该系列合金目前有两大缺点。第一,Co 是维持上述商用储氢合金长寿命的关键元素,Co 作为原材料使得合金成本很高,约占这种典型合金总成本的 40%~50%;虽然镨(Pr)和钕(Nd)可以改善储氢合金的活化性能,提高其循环稳定性,但 Pr 和 Nd 的价格是镧、铈(Ce)的 5 ~10 倍。因此,降低高成本 Co,Pr,Nd 的含量对提高镍氢电池的市场竞争力具有重要意义,但是性能与成本之间平衡的改善空间很小。第二,由于 CaCu₅型

六方晶体结构的限制，AB$_5$ 型合金容量较少，达不到美国能源部（DOE）设定的 2020 年目标质量储氢量为 5.5%（质量分数）、体积储氢量为 40 kg/m^3 的要求，成为制约 AB$_5$ 合金应用的瓶颈[5]。

1.1.1.2　AB$_2$ 型储氢合金

AB$_2$ 型储氢合金因其较高的能量密度被认为是镍氢电池的第二代电极合金，最早的研究是基于 A = Zr 或 Ti 和 B = V、Cr 或 Mn 的二元化合物。Laves 相合金是 AB$_2$ 型金属间化合物的典型代表，主要是六方结构 C14 相（MgZn$_2$ 结构）、立方结构 C15 相（MgCu$_2$ 结构）和六方结构 C36 相（MgNi$_2$ 结构）。C14 Laves 相（如 ZrMn$_2$ 和 TiMn$_2$）和 C15 Laves 相（如 ZrV$_2$），都具有很好的吸氢性能；而 C36 Laves 相吸氢性能较差。在 C14 和 C15 结构中，如图 1.4 所示，H 原子占据的间隙四面体位置的数量相同，即 A$_2$B$_2$，AB$_3$ 和 B$_4$ 这三个四面体间隙位置[3]。AB$_2$ 型储氢合金的储氢量为 1.8%（质量分数），主要应用于 Ni-MH 电池负极材料。二元 AB$_2$ 型化合物由于氢化物稳定性高，在碱性电解液中表现出很差的电化学性能。为了改善其电化学性能，研究人员通过添加合金元素和调整 A/B 化学计量比，形成了多元素 AB$_2$ 型合金。它的放电容量为 370~450 mA·h/g，远高于 AB$_5$ 型合金，但活化慢，循环寿命差。这些缺点是由于在充放电循环过程中，表面形成一层非常致密的金属氧化物，从而阻止电化学反应和氢扩散，并增加电阻。但是，对于镍氢电池来说，因为 AB$_2$ 型化合物具有更高的能量密度、更高的倍率放电能力和更低的成本，所以该型合金仍然有很好的应用前景。

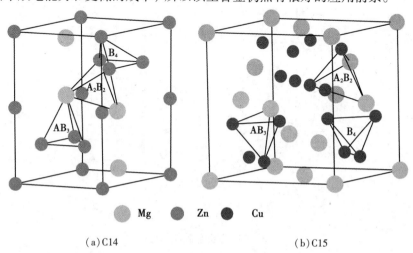

Mg　　Zn　　Cu

（a）C14　　　　　　　　　　（b）C15

图 1.4　Laves 相的结构及氢可能占据的间隙位置[3]

1.1.1.3 A_2B_7 型和 AB_3 型稀土镁镍基超晶格合金

一些二元 La-Ni 合金,如 LaNi(AB 型)、$LaNi_2$(AB_2 型)、$LaNi_3$(AB_3 型)和 La_2Ni_7(A_2B_7 型),具有比 $LaNi_5$ 合金更高的理论电化学容量,但是它们的氢化物稳定性很高,限制了应用。1997 年,日本大阪国立研究院的 Kadir 等[6]通过烧结制备了一系列新的三元 $REMg_2Ni_9$ 合金(其中 RE = La,Ce,Pr,Nd,Sm 或 Gd)。之后研究发现,RE-Mg-Ni 基合金含有 $PuNi_3$ 型菱方结构(La,Mg)$_2Ni_7$ 相,或具有 Ce_2Ni_7 型六方结构(La,Mg)$_2Ni_7$ 相[7-12]。它们的结构可以认为是 AB_5 单元($CaCu_5$ 型结构)和 AB_2 单元($MgCu_2$ 结构)沿 c 轴方向以 $n:1$ 堆垛而成的,如图 1.5 所示[13]。此外,有研究结果表明,所有 AB_2C_9 型合金(A = RE 或 Ca,B = Mg 或 Ca,C = Ni)具有与 $LaMg_2Ni_9$ 合金相同的结构,因此它们也可以标记为 AB_2C_9 型或 AB_3 型结构。该类合金用作电池负极材料,放电容量可达 400 mA·h/g 左右,高于 AB_5 型合金,但循环性差、高倍率放电性低。所以,仍需要开发具有较高的电化学性能和更长的循环寿命的新型 RE-Mg-Ni 基合金来满足不断增长的能源需求。

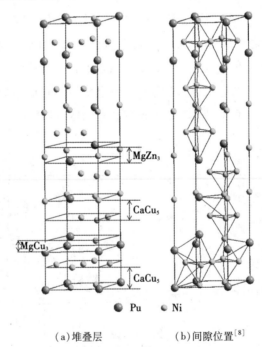

(a)堆叠层　　　　　(b)间隙位置[8]

图 1.5　AB_3 型合金的晶体结构[13]

1.1.1.4 AB 型储氢合金

1974 年，Reilly 和 Wswall[14]首次报道了 FeTi 合金可以直接与氢气反应生成氢化物 FeTiH 和 $FeTiH_2$，而且 FeTiH 和 $FeTiH_2$氢化物相比 TiH_2稳定性较低，在 0 ℃以下的分解压力超过 0.1 MPa。如图 1.6 所示，TiFe 合金具有 CsCl 型立方结构，空间群 Pm3m 是 AB 型合金中的典型代表，室温下可以吸氢，最大吸氢量为 1.9%（质量分数），吸放氢平台压大约为 0.03 MPa，因此吸引了广泛的关注。但是该合金主要存在以下问题：首先，FeTi 合金对空气和水分非常敏感，容易被毒化；其次，在制备过程中或在空气中处理时会形成稳定的表面氧化层（TiO_2，Fe_2O_3），导致该合金较难活化。总体而言，与大多数金属间储氢化合物一样，AB 型合金与目前的美国能源部目标相比，质量储氢能力较低。

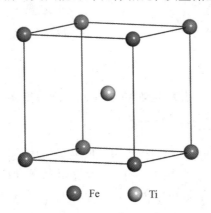

Fe   Ti

图 1.6 FeTi 合金的晶体结构

1.1.1.5 镁基储氢合金

镁（Mg）基合金具有较高的储氢量（质量分数为 7.6%）。重要的是，地壳内有大量的 Mg，所以 Mg 基合金作为储氢材料成本很低。Mg 基合金还具有优良的热导率、良好的可回收性、在平衡态下能与其他元素形成固溶体和化合物等显著特点。金属 Mg 为密排六方结构，空间群 P63/mmc，其晶体结构如图 1.7（a）所示。在一定条件下，纯 Mg 吸氢生成 MgH_2，反应方程式为

$$Mg+H_2 \longleftrightarrow MgH_2+74.6 \text{ kJ/mol} \qquad (1.2)$$

MgH_2具有多种结构，其中最常见的是 $\alpha-MgH_2$，为四方结构，空间群 $P4_2/mnm$，如图 1.7（b）所示。晶胞内有 2 个 Mg 原子，一个位于体心，一个位于顶点；4 个氢原子，2 个位于晶胞体内，其他的位于面上。然而，Mg-H 键太强。MgH_2在 1 个标准大气压下分解温度为 553 K，所以 Mg 基合金的热力学和

动力学性能较差。目前，许多类型的催化剂材料，如过渡金属、金属氧化物、合金、碳基结构和其他化合物，添加到 MgH_2 中，一定程度上可以加速吸放氢反应，降低解吸温度，然而，迄今为止，所取得的进展还不足以满足美国能源部的要求。

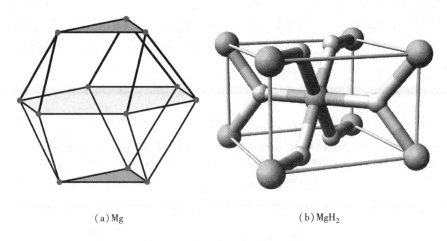

(a) Mg   (b) MgH_2

图 1.7 金属 Mg 及 MgH_2 的晶体结构

1.1.1.6 钒基固溶体储氢合金

钒基固溶体合金具有吸放氢温度低、扩散速率快、活化性能好和储氢容量高等特点。金属钒在常温常压下具有较高的氢溶解度和扩散速率。钒基合金存在的主要问题是可逆性差和粉化严重。可逆性差主要是因为吸氢后生成的 $\beta(VH/V_2H)$ 相热稳定性很高，导致室温下有效放氢量只能在 2%(质量分数)左右。合金粉化的原因是金属和金属氢化物相之间存在较大的晶体错配。合金元素的存在对氢的溶解度、相稳定性、吸放氢动力学和粉化有很大的影响。因此，全世界都在努力探索和优化合金元素，以提高氢溶性，降低 β 相稳定性，改善氢化/脱氢动力学，防止合金粉化。

虽然某种程度上金属氢化物的储氢能力低于预期水平，但吸放氢的特点在各种固定应用中还是有前途的。其中，钒基固溶体合金因储氢能力高(质量分数为 3.9%)和常温下容易吸放氢等特点被广泛研究。具体研究进展将在后面详细讨论。

1.1.2 其他储氢材料

1.1.2.1 微孔储氢材料

除了以上介绍的金属储氢材料外，通过物理吸附储氢的多孔材料也被认为是很有潜力的储氢材料。其中，分子筛及相关的微孔固体材料、微孔有机聚合物、金属-有机骨架和活性炭（包括单壁碳纳米管、多壁碳纳米管）是目前研究的热点。由于物理吸附不需要活化过程，因此其具有快速动力学和良好的可逆性，这是物理吸附材料的主要优点。但是，物理吸附是由弱范德华力引起的，因此，多孔材料的氢吸附通常只在低温下发生，极大地限制了应用前景。

1.1.2.2 配位氢化物

配位氢化物又称络合物，化学通式为 $A(BH_4)_n$（其中，A 为碱金属或碱土金属，B 为铝或硼等）。该类储氢材料的理论储氢量为 5.5% ~ 21.0%（质量分数）。其因储氢密度高、脱氢压力和温度较低而成为储氢应用的潜在候选者。尽管配位氢化物具有较高的能量密度，但很难安全地处理它们，而且它们可能分解成高度稳定的化合物，更重要的是，这些配位氢化物在氢循环过程中具有较高的热力学稳定性和缓慢的动力学性。

1.1.2.3 化学氢化物

一般可通过水解或热解反应放氢，主要包括轻金属-N-H 体系和氨硼烷（NH_3BH_3）体系。金属-N-H 体系以 2002 年发现的 Li_3N-H 为代表，其实际可逆储氢密度质量分数约为 7，缺点是放氢温度较高、平台压力偏低[15]。用 Mg 部分取代 Li 形成的 $Mg(NH_2)_2-LiH$ 被认为是最具有应用前景的储氢体系之一，其循环稳定性和动力学性能需要进一步研究[16-17]。氨硼烷体系的储氢容量很高，缺点是可逆性很差，放氢反应有氨的释放[18-19]。

◤◤◤ 1.2 储氢合金的吸放氢原理

1.2.1 热力学性能

金属氢化物及相关材料研究是固态储氢研究领域的一个热点。在一定温度和压力下，许多金属、合金和金属间化合物与气态 H_2 反应生成金属固溶体 MH_x 和金属氢化物 MH_y。简单来说，金属氢化物的合成和分解可以用下式表示：

$$M+\frac{x}{2}H_2 \longleftrightarrow MH_x \tag{1.3}$$

$$\frac{2}{y-x}MH_x+H_2 \longleftrightarrow \frac{2}{y-x}MH_y+Q \tag{1.4}$$

吸氢过程伴随热量的释放，同样在放氢过程中需要提供等量的热，吸放氢过程可以重复进行。金属氢化物吸氢属于化学吸附，氢分子首先分解成单个的氢原子，氢原子扩散到合金中，与金属原子形成化学键[20]。这种氢化物键很强，形成焓(ΔH_f)为 100~200 kJ/mol，键能为 2~4 eV。除了热力学方面的因素外，氢的吸放过程必须经过一系列激活能垒。首先，氢分子与合金表面靠近，依靠范德华力物理吸附于合金表面，当系统能量(取决于系统温度和压力)高于解离能 $E_{dis(H)}$ 时，氢分子分解成氢原子；然后，在合金表面的游离氢原子和金属原子之间通过电子共享进行键合达到化学吸附($E_{chem(H)}$)，同时，氢原子开始穿透合金的表面向合金次表面渗透($E_{pen(H)}$)，这些原子可以通过表面扩散填充寄主材料的间隙位置($E_{diff(H)}$)；最后，氢化物相形核长大($E_{nuc/growth}$)[21]。如此，如果氢浓度很高，就会形成稳定的金属氢化物相。

储氢合金与氢气的反应相平衡图可由平衡压力-吸氢浓度-等温度曲线(即PCI 曲线)表示，如图 1.8 所示，横坐标是储氢量，纵坐标是氢气压力[13]。从图1.8 中可以看出，随着氢气压力的升高，吸氢量增加，形成含氢固溶体 α 相，合金结构不变。α_{max} 为氢在金属中的极限溶解度。达到 α_{max} 时，继续增加氢气，系统会保持在平衡压力(P_{eq})，金属开始"锁定"其结构内的氢，此时 α 相与氢反应，开始生成氢化物 β 相，PCI 曲线上会出现平台区(图 1.9 弧形虚线所示)，此平台区域为 α 相与 β 相共存区。继续增加氢气，α 相与氢进一步反应，生成

更多的氢化物 β 相，直至 β_{min}，α 相全部转变为 β 相，平台区域结束，继续提高氢气压力，储氢量略有增加，氢化反应结束，系统压力明显增加。P_{eq1}，P_{eq2}，P_{eq3}分别代表反应温度 T_1，T_2，T_3 下的平衡压力，可以看出，温度越高，平台压力越大，PCI 曲线的平台区域越小，有效储氢量越小。

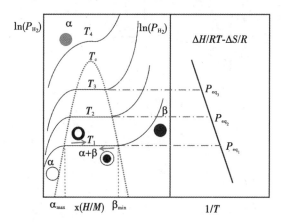

图 1.8　金属间化合物吸放氢的理论 PCI 曲线[13]

放氢过程是吸氢过程的逆反应，如果系统压力低于平台压力，储在合金中的氢开始释放。因此，为了分解一定温度和压力下的稳定氢化物，要么降低系统压力，要么升高反应温度。图 1.8 是金属间化合物吸放氢的理论 PCI 曲线。在实际情况中，吸氢 PCI 曲线和放氢 PCI 曲线一般不会完全重合，会存在滞后效应，如图 1.9(a)所示。可以看到，放氢 PCI 曲线平台压力比吸氢 PCI 曲线平台压力低，两者压力之差称为平台压滞后。如图 1.9(b)所示，LaNi₅合金在 333 K 温度下吸放氢 PCI 曲线，吸放氢平台压力分别为 2 MPa 和 0.3 MPa。PCI 曲线的滞后效应可用滞后因子 H_f 表示：

$$H_f = \ln(P_a/P_d) \tag{1.5}$$

式中，P_a 与 P_d 分别表示储氢合金吸放氢平台压力。同时，对比图 1.8 与图 1.9可以发现，实际情况中，储氢合金的吸放氢平台会出现不同程度的倾斜。导致平台倾斜的原因有很多，其中合金成分的不均匀是平台倾斜的重要原因。PCI曲线吸放氢平台倾斜程度，可以用平台倾斜因子 S_f 表示：

$$S_f = d(\ln P)/d(H/M) \tag{1.6}$$

式中，P 为平台结束点与起始点之间压力差；H/M 为平台结束点与起始点之间储氢容量差。对于应用而言，滞后因子 H_f 和平台倾斜因子 S_f 越小越好。

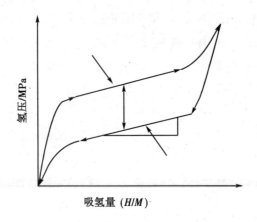

（a）实际

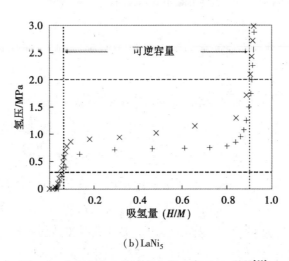

（b）LaNi$_5$

图 1.9　金属间化合物吸放氢的实际 PCI 曲线[22]

一般情况下，材料的储氢量用质量储氢量表示。质量储氢量是指每单位质量储存的氢量。在氢化物情况下，通常根据储存在金属或化合物中氢的质量与合金质量之比进行计算。

PCI 曲线的平台压力、平台宽度与倾斜度、平台起始浓度和滞后效应等参数既是常规鉴定储氢合金吸放氢性能的主要指标，又是探索新型储氢合金的依据。同时，利用 PCI 曲线还可以计算储氢合金的热力学参数。

氢化物的主要热力学性质是氢化物形成或分解焓 ΔH。它决定了材料吸放氢的工作温度和压力范围。根据化学反应平衡原理，对于反应式(1.4)有：标准 Gibbs 自由能变化量 ΔG^0、标准焓变 ΔH^0、标准熵变 ΔS^0、平衡常数 K_p，并假设与温度无关。由于平衡常数 $K_p = 1/P_{H_2}$，则 ΔG^0 与 K_p 的关系可由下式表示：

$$\Delta G^0 = -PT\ln(K_p) = RT\ln(P_{H_2}) \qquad (1.7)$$

$$\Delta G^0 = \Delta H^0 - T\Delta S^0 \qquad (1.8)$$

最终推导得到的合金吸放氢平衡压力和温度之间的关系，可用范特霍夫方程表示：

$$\ln\frac{P_{eq}}{P_0} = \frac{\Delta H}{RT} - \frac{\Delta S}{R} \qquad (1.9)$$

式（1.9）中，P_{eq} 为上文提到的平台压；T 为对应的温度；P_0 为 1.01×10^5 Pa；R 为气体常数；ΔH 为反应焓变；ΔS 为反应熵变。从式（1.9）中可以看出，任意氢化物的平台压都可以表示成吸放氢过程中焓变 ΔH 与熵变 ΔS 的函数。图 1.8 右半部分即为不同温度下 PCI 曲线对应的范特霍夫曲线，由直线的斜率和截距可计算出热力学参数 ΔH 和 ΔS。如果焓变值超出一定的范围（$-29 \sim 46$ kJ/mol），则氢化物会因太稳定或太不稳定而不适用于实际储氢。与 ΔH 项相比，ΔS 可以看作常数。

1.2.2 动力学性能

储氢材料的吸放氢动力学性能决定了实际存储过程中的吸放氢速率，如果一种材料不能在短时间内吸放氢气，那么它在车载存储单元中的使用将受到限制。氢化物吸放氢宏观动力学受许多不同微观过程的影响。对于合金吸氢的情况，第一阶段是氢分子通过气相输送到合金表面区域；第二阶段是氢分子在表面物理吸附；第三阶段是氢分解成氢原子并化学吸附；第四阶段是化学吸附的氢原子穿过材料的表面，在晶格中的间隙位置之间扩散，最初形成固溶体 α 相，如果材料中氢的浓度足够大，在进一步吸氢后，会形成氢化物 β 相或成核；吸氢过程最后一个阶段是氢化物相与固溶相之间界面的形成和该界面在材料中的移动。

当系统条件适宜时，吸放氢反应进行得很快，这时想精确地测定反应动力学比较困难，因为实验条件和人为因素都可能对结果产生极大的影响，其中包括由于反应过程放热产生的非等温条件、潜在的表面污染和中毒，以及样品的粉化。尽管如此，还是能通过一些参数具体表征吸放氢动力学。

1.2.2.1 表观活化能

为使反应得以进行，外界必须提供的最低能量称为反应活化能。由于实际测量和计算活化能的过程中涉及不同级数的反应过程，结果应被视为表观活化能。在对放氢的研究中，计算活化能时使用较广泛的是 Kissinger 方法[23-25]。该方法需要测量一系列不同加热速率 β 下的放氢吸热谱线，每条谱线存在热流峰值对应温度 T_p，加热速率 β 和峰值温度 T_p 存在以下关系：

$$\ln\left(\frac{\beta}{T_p^2}\right) = -\frac{E_a}{RT_p} + \ln(k_0) \qquad (1.10)$$

式(1.10)中，k_0 为常数，以 $1/T_p$ 为横坐标、$\ln\left(\frac{\beta}{T_p^2}\right)$ 为纵坐标，将一系列点拟合成直线，根据直线斜率可以求出活化能 E_a。

1.2.2.2 氢扩散系数

晶格中的间隙位点之间的氢扩散可以通过许多机制发生，并且主要机制取决于温度。不考虑实际扩散机制，氢在材料中的扩散速率可以用扩散系数表征。假设整个过程由氢的扩散控制，用扩散方程的解拟合样品在等温等压条件下测得的吸氢数据，可以得到宏观扩散系数。

1.2.2.3 表观吸放氢速率

在不假设任何特定潜在机制的情况下，表征吸放氢速率的实用方法是使用表观吸放氢速率。根据吸放氢动力学实验数据，可以得出特定条件下材料的表观吸放氢速率。关于反应速率没有统一或约定俗成的定义。由于材料达到饱和吸氢或完全放氢状态的时间很长，因此可以用完成饱和状态 $x\%$ 的反应时间 t_x 来描述，如用 t_{90} 表示吸放氢量达到饱和容量的90%所需的时间。

1.2.3 其他重要性能

除了吸放氢热力学与动力学外，储氢合金如果想达到实际应用的需求，以下性能也非常关键。

活化性能：一般情况下，储氢合金首次都不会吸氢或者吸氢非常慢，所以几乎所有的储氢合金都需要活化。如果活化条件(温度和氢气压力)苛刻、活化次数多，那么对实际应用是不利的。

循环寿命：长期循环稳定性决定了合金在重复的吸放氢循环过程中保持其可逆存储容量的能力。美国能源部设定的目标是循环 1500 次。

可逆储氢量：在实际应用中，相比于吸氢容量，科学工作者更关心有效放氢容量。绝大多数合金在吸放氢过程中，不可能将所有吸收的氢都放出来。在一定压力或者温度下，实际放出的氢气量称为有效放氢量。

抗气体杂质性能：氢气中含有 CO、CO_2、H_2O、H_2S、NH_3、O_2、碳氢化合物、甲醛、甲酸和卤化物等杂质，这些杂质会与合金表面发生反应，降低合金的吸放氢性能，所以抗杂质"毒化"性能也很重要。

1.3 钒基固溶体储氢合金的研究进展

固溶体储氢合金是指把一种或多种合金元素固溶到另一种具有显著吸氢能力的金属元素中形成的合金。这种合金与金属间化合物不同，合金元素之间不需要化学计量比或者近化学计量比。它们可以由许多宿主金属形成，包括 Pd，Ti, Zr 和 V。其中，钒基合金具有储氢量高（VH_2 为 0.16 g/cm^3，质量分数为 3.8%）、氢化条件温和、抗粉化性能好和动力学性能优越等优点[26-31]。

1.3.1 纯钒的吸放氢特性

金属钒具有体心立方结构（BCC），空间群 Im3m（229），晶格常数为 $a = $ 0.30274 nm。金属钒具有独特的物理、化学、力学等性质，见表 1.2。钒合金在许多方面具有应用价值，其中就包括应用于储氢材料。在钒 BCC 结构中，氢原子能稳定存在于四面体晶格（配位数 4）间隙和八面体晶格（配位数 6）间隙，吸氢时氢原子大部分进入四面体间隙位置。由于每个晶胞中存在 12 个四面体间隙，为氢原子进入提供了较多间隙位置，所以理论储氢量高[28]。钒氢反应的温度比较低，室温就可吸氢。表 1.3 列出了不同温度下氢在钒中的溶解度，随着温度升高，溶解度逐渐降低。

表 1.2　金属钒的重要性质[32]

性质	量值
原子序数	23
原子质量	50.94
密度	6100 kg/m³
熔点	1910 ℃
沸点	3450 ℃
熔点蒸气压	2.70 Pa
2~100 ℃时热膨胀系数	8.3×10⁻⁶℃⁻¹
25 ℃下的热导率	60.00 W/(m·K)
20 ℃时的电阻率	0.25 μΩ·cm
超导温度	5.13 K
杨氏模量	130 GPa
泊松比	0.36
极限抗拉强度	190 MPa
屈服强度	103 MPa
延伸率	39%
硬度	55 VPN
热中子吸收截面	4.7×10⁻²⁸ m²/原子
快中子 1MeV 俘获截面	3×10⁻³¹ m²/原子

表 1.3　不同温度下氢在钒中的溶解度[33]

温度/℃	固溶度/(cm³·kg⁻¹)	温度/℃	固溶度/(cm³·kg⁻¹)
20	15000	700	640
150	8200	800	450
300	6000	900	320
400	3800	1000	240
500	1840	1100	200
600	1000		

钒吸氢是从形成固溶相 α 开始的。在 α 相中，氢的浓度与氢气压力的平方根成正比，即 Sieverts 定律[26]，如下式所示：

$$C_{\mathrm{H}} = k_{\mathrm{s}}\sqrt{P} \tag{1.11}$$

式(1.11)中，C_{H} 为氢浓度；k_{s} 为常数；P 为氢气压力。式(1.11)表明氢以原子

形式进入基体，特别是氢以质子(H^+)的形式进入，电子对费米能级有贡献。因此，通过改变费米能级可以改变氢的溶解度。晶格常数随 α 相中氢浓度增加线性增大。当 C_H 超过极限固溶度时，开始形成 β₁ 相（V_2H 低温相）。随着吸氢的进行，β₁ 相转变为 β₂ 相（V_2H 高温相或 VH）。吸氢完全后转变为 γ 相（VH_2）[34]。

V–H 系统的 PCI 曲线如图 1.10 所示。PCI 曲线存在两个平台，第一个平台对应 α 相与 β₁ 相共存：

$$2V(\alpha) + \frac{1}{2}H_2 \longleftrightarrow V_2H(\beta_1) \tag{1.12}$$

β₁ 相非常稳定，第一个平台对应的平衡氢压在 353 K 下为 0.1 Pa。因此，在中等温度条件下，从 β₁ 相放氢的反应很难发生。第二个平台对应 β₂ 相与 γ 相共存：

$$VH(\beta_2) + \frac{1}{2}H_2 \longleftrightarrow VH_2(\gamma) \tag{1.13}$$

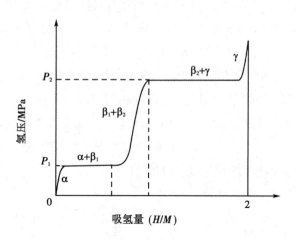

图 1.10　钒氢系统的 PCI 图[35]

金属钒从吸氢到完全饱和的整个过程，结构在发生变化[36]。第一个平台对应体心立方结构 BCC（α 相）和体心四方结构 BCT（β 相）共存，第二个平台对应体心四方结构 BCT（β 相）和面心立方结构 FCC（γ 相）共存，其中 β 相 BCT 结构可以认为是略微变形的 FCC。γ 相并不稳定，在室温下就可以放氢，第二个平台对应的平衡压在室温下大约为 0.3 MPa。因此，吸入钒金属中的氢大约只有一半能够放出，有效储氢量约为 1.9%（质量分数）。由于纯钒有效放氢量低、价格昂贵、活化性能差，其研究和应用一直受到限制。

1.3.2 钒基合金的改性研究进展

尽管钒基储氢合金具有许多优点，但是还存在如活化性能差、吸放氢平台倾斜、有效储氢量低、吸放氢平台滞后效应明显、循环稳定性差等问题，达不到实际应用要求[37]。为了改善这些问题，研究人员采用多种手段改善其储氢性能，例如元素添加及替代、热处理、制备工艺等。其中在钒中加入合金元素不仅可以降低成本，而且可以控制平衡压。

1.3.2.1 二元钒基固溶体合金

氢化物的稳定性直接影响钒基合金的有效放氢容量。Yukawa 等[38]研究了合金元素 M(M=Ti，Fe，Ni，Al，Si 等)对 VH_x 稳定性的影响。图 1.11 给出了二元 V-1 M 合金 γ 相(VH_2)在 313 K 温度下的放氢 PCI 曲线。研究结果表明，γ 相的稳定性在很大程度上取决于合金元素，并且按照元素周期表中元素的顺序系统地变化。图 1.12(a)给出了添加不同元素对应的平台压力，例如，元素周期表中第Ⅷ族元素 Fe，Ru 和 Os 的平台压力很大。同种元素不同添加量对放氢平台压力的影响如图 1.12(b)所示。由图 1.12(b)可见，除 Zr 的情况外，平台压力的对数几乎与添加到钒中的合金元素的量成线性变化。Asano 等[39]研究了 Cr 添加对氢在 V-H 系统中扩散及氢化物相的稳定性的影响，研究结果表明，Cr 元素含量增加，抑制了间隙位置氢的扩散，降低了氢化物相的稳定性。随后，Asano 等[40-41]又研究了 Fe 添加对 V-H 系统相变及氢的扩散的影响，结果表明，Fe 影响氢化物相的稳定性，抑制氢的扩散。

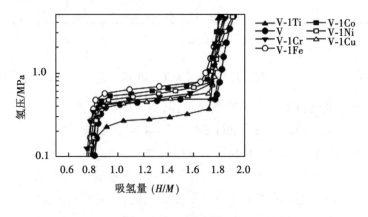

(a)3d 过渡金属

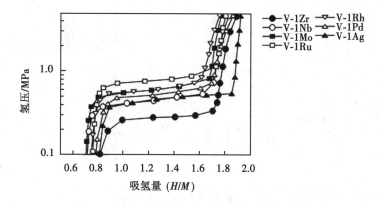

（b）4d 过渡金属

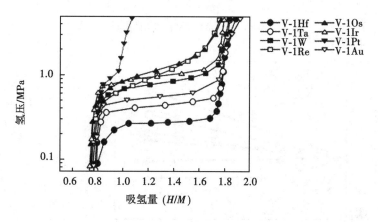

（c）5d 过渡金属

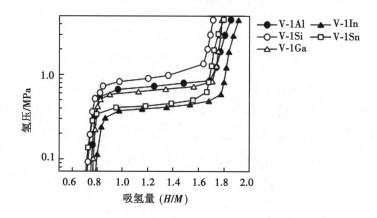

（d）非过渡金属

图 1.11 313 K 下 V-1 M 合金的放氢 PCI 曲线

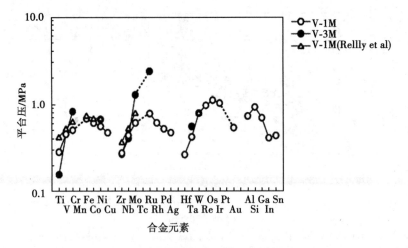

(a) 不同合金元素对平台压力的影响

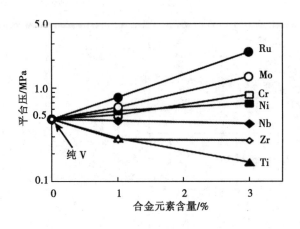

(b) 合金元素含量对平台压力的影响

图 1.12 V—M 合金在 313 K 的平台压力[38]

纯钒通常需要相对复杂的活化程序(如加热到 300~500 ℃并多次循环),然后才能快速与氢气反应。Maeland 等[42]发现少量第二金属元素固溶到钒金属中产生的合金在室温下就可以与氢气反应,而不需要活化,如表 1.4 所列,添加的金属原子半径应至少比溶剂钒原子半径小 5%。

表 1.4 $V_{1-x}M_x$ 固溶合金氢化物形成的定性速率

$V_{1-x}M_x$ 合金		初始氢压/MPa	t_{90}/min	氢化物吸氢量
M	x			（原子数分数）/%
V	0	5.5	无反应	—
Fe	0.02	5.9	960	1.02
Fe	0.05	5.9	10	0.90
Ni	0.05	5.9	10	0.90
Co	0.05	5.9	10	0.95

Ti 也是一种吸氢元素，Ti 和 V 可以以任何比例互溶形成 BCC 结构固溶体合金。Ono 等[43]研究了 $V_{0.8}Ti_{0.2}$ 合金在 80~130 ℃ 范围内的吸放氢性能，吸放氢平台比较平坦，吸氢完全后形成面心立方结构的 $Ti_{0.2}V_{0.8}H_{1.6}$，但是吸放氢动力学差。

1.3.2.2　三元钒基固溶体合金

上文中指出，作为两个吸氢元素的 Ti 和 V 可以以任何比例相互溶解，同时 Ti 是有效降低钒基 BCC 合金的吸氢压力而不显著降低初始最大容量的必要元素[44]。然而，V-Ti 合金的循环稳定性一般，为了获得更好的循环稳定性，研究人员将第三元素引入 V-Ti 合金中。因此，开发出了 V-Ti-Mn、V-Ti-Ni、V-Ti-Fe、V-Ti-Cr 等系列合金，其中，探索最广泛的是 V-Ti-Cr 三元合金[45-58]。Kagawa 等[59]最早报道了 V-Ti 合金中添加 Cr 元素，图 1.13 给出了合金在 333 K 温度下不同循环次数后的 PCI 曲线，$(V_{0.9}Ti_{0.1})_{0.95}Cr_{0.05}$ 合金显示出优异的循环稳定性和抗粉化能力，而有效的储氢容量并没有明显降低。在此之后，Akiba 和 Iba[60]系统地提出了这种 V-Ti-Cr 合金中 BCC 固溶体相常与 Laves 相共存，表明氢化物的稳定性及反应动力学与 Laves 相合金基本相同。制备的 Laves 相与 BCC 固溶体相共存的合金 $Ti_{25}Cr_{35}V_{40}$ 具有较大的氢容量（质量分数为 2.2%），在常温常压状态下就可以吸放氢，而且吸放氢动力学很快。该合金的报道立即引起了研究人员的注意。

Seo 等[61]研究了 Ti 和 Cr 含量对 V-Ti-Cr 合金的吸放氢平台压和有效放氢容量的影响。图 1.14 显示了 V-Ti-Cr 合金在铸态下的 PCI 放氢曲线。很明显，用 Ti 或 Cr 替代 V，即降低 V 含量，导致最大储氢能力显著降低。随着 Cr 含量的增加，这些合金的平台压力增加。因此，第一个平台区变少了。这有利于提高有效储氢能力。由于 Cr 原子半径小于 V，Ti 的原子半径，Cr 元素的增加减

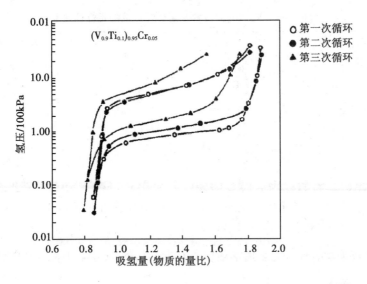

图 1.13 $(V_{0.9}Ti_{0.1})_{0.95}Cr_{0.05}$合金的吸放氢循环后的 PCI 曲线[59]

小了合金的晶格常数，导致平台压力增大。合金元素 Ti，Cr 的含量对 V-Ti-Cr 合金的平台压有明显影响。Tsukahara[62]报道了一种中钒合金 $V_{60}Ti_{15}Cr_{25}$，该合金的有效储氢量为 2.62%（质量分数），是目前 V 基合金中有效储氢量最大的合金，但是该合金中纯钒使用量较高，成本高。

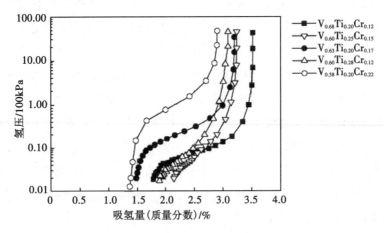

图 1.14 V-Ti-Cr 合金的放氢 PCI 曲线[61]

热处理被认为是改善合金性能的有效方法[63-64]。Okada 等[58]将 Ti-35V-40Cr 合金在 1573 K 下热处理 1 min 后，合金由铸态的 Laves 和 BCC 两相转变为 BCC 单相，合金的最大储氢容量和有效储氢容量显著提高。Cho 等[65]将

$Ti_{0.32}Cr_{0.43}V_{0.25}$ 合金在 1653 K 下热处理 1 min，不仅提高了有效储氢量，而且改善了吸放氢平台倾斜度。Liu 等[66] 将 $Ti_{32}Cr_{46}V_{22}$ 合金在 1673 K 下退火 5 min 后，合金吸放氢平台更加平坦。然而，相对低温和长时间热处理对合金微观结构和储氢性能的影响鲜有报道。

1.3.2.3 多元钒基固溶体合金

随着对三元合金认识的不断深入，研究人员为了调整 V-Ti-Cr 体系的吸放氢性能，通过添加其他合金元素制备了四元或多元合金。Matsunaga 等[67] 研究了在 V-Ti-Cr 系列合金中添加 Mo 对合金性能的影响，PCI 曲线如图 1.15 所示，通过 Mo 替代摩尔分数为 5% 的 V 后，氢化物分解压从 $Ti_{25}Cr_{50}V_{25}$ 合金的 0.4 MPa 提高到了 $Ti_{25}Cr_{50}V_{20}Mo_5$ 合金的 2.3 MPa，同时有效储氢容量没有减少。

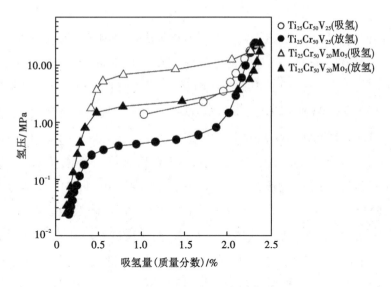

图 1.15 TiCrV 和 TiCrVMo 吸放氢 PCI 曲线[67]

因为纯钒的价格很高，所以 V-Ti-Cr 系列合金的成本非常高[68]。Yu 等[69] 首先报道了在钒基 BCC 合金中添加 Fe，以降低成本。杭州明[70] 研究了 Fe 部分替代 V 对 Ti-V 基 BCC 合金性能的影响，Fe 替代 V 后，所有的 $Ti_{16}Zr_5Cr_{22}V_{57-x}Fe_x$ 合金由 BCC 主相和 C14 Laves 相组成，BCC 主相的晶格常数随着 Fe 含量的增加逐渐减小，放氢平台压力逐渐升高，但吸放氢量有所下降，其中 $Ti_{16}Zr_5Cr_{22}V_{55}Fe_2$ 合金性能最好，吸放氢量分别为 3.27% 和 1.42%（质量分数）。

Aokia 等[71] 在 $Ti_{12}Cr_{23}V_{65}$ 合金中添加摩尔分数为 1% 的 Fe，结果表明，在 100 次吸放氢循环后，$Ti_{12}Cr_{23}V_{64}Fe_1$ 和 $Ti_{12}Cr_{23}V_{65}$ 的放氢量分别相当于其初始容量的 97% 和 88%，表明添加少量 Fe 提高了合金的循环稳定性。分析认为，添加少量 Fe 对晶格应变的抑制作用和晶粒度尺寸减小是提高循环稳定性的原因。同样，Towata 等[72] 研究了 Nb 部分替代 Cr 对 V-Ti-Cr 合金性能的影响，研究结果表明，在不影响有效储氢量的情况下，$Ti_{16}Cr_{34}V_{50}$ 合金中 Nb 取代 Cr（即 $Ti_{16}Cr_{30}V_{50}Nb_4$）循环稳定性更高。除了在合金中添加金属元素外，一些研究人员将非金属元素添加到 V-Ti-Cr 合金中。例如，Shen 等[73] 在 $Ti_{25}V_{35}Cr_{40}$ 合金中加入少量的碳，可以有效地提高循环稳定性，具体来说，$Ti_{25}V_{35}Cr_{40}C_{0.1}$ 合金在 500 个循环后可保持初始储氢容量的 90%，而母合金 500 次循环后只能保持初始容量的 83%。

1.3.2.4　低成本钒基合金的研究

我国四川攀枝花钒资源丰富，然而冶炼提纯比较困难，所以纯钒（>99%）的价格非常昂贵，限制了钒基储氢合金的实际应用。Yan 等[74] 采用 FeV80 制备了 $V_{30}Ti_{32}Cr_{32}Fe_6$ 合金。在此基础上，Mi 等[75] 采用商业钒铁合金通过氢化物粉末烧结法合成 $(80VFe)_{48}Ti_{26+x}Cr_{26}$（$x = 0 \sim 4$）合金，吸氢容量质量分数仅为 2.8%。Ulmer 等[68] 用商业 FeV80 制备了 $V_{(40-40 \cdot x)}Fe_{(8-8 \cdot x)}Ti_{26}Cr_{26}(FeV)_{(48 \cdot x)}$（$0 \leqslant x \leqslant 0.9$）合金，研究结果表明，纯钒制备的合金可逆存储 100 kg 氢，成本为 978130 美元，钒铁部分替代后（$x = 0.9$），可逆存储 100 kg 氢，成本为 325000 美元，在折算钒铁替代降低部分放氢量的因素后，成本降低到原来的 1/3。除了钒铁替代纯钒制备钒基固溶体合金外，人们还通过 V_2O_5 制备钒基固溶体储氢合金。刘守平等[76] 用工业 V_2O_5 采用金属铝热反应直接制备了钒基固溶体储氢合金 $V_3TiNi_{0.56}Al_{0.2}$，储氢量为 1.62%（质量分数）。虽然容量相对较低，但是这种替代对降低成本是一个不错的选择。Kumar 等[77-78] 采用铝热法加电子束熔炼成功制备了钒基固溶体合金 V_4Cr_4Ti，降低了材料的成本，合金性能较好。

◤◢◣ 1.4 研究内容

近些年，国内外研究人员对钒基储氢合金开展了许多研究工作，在合金的成分优化设计、制备方法和性能改善等方面取得了一些较有价值的科学成果，但是该系列合金仍然存在一些问题。

(1)为解决纯钒价格昂贵、合金成本较高的问题，研究人员用 Fe 部分替代 V 元素，虽然其目的是为 80VFe 替代 V 提供依据，但是合金成分没有严格按照 80VFe 中 V 与 Fe 的比例进行设计，从而导致研究结果指导意义较弱。

(2)钒基合金与稀土基储氢合金相比，活化性能较差。

(3)现有文献报道，除了用 VFe 合金制备低成本 V 基合金外，还可以通过铝热法制备。这两种方法制备的合金有一个共同点，即合金中含有少量铝(Al)杂质，然而少量 Al 杂质对合金热力学、动力学性能影响的研究尚不够完善和系统。

(4)合金元素 Ti, Cr 的含量对 V-Ti-Cr 合金的平台压有明显影响，但是 Ti, Cr 含量与平台压之间的关系缺乏系统性研究。

因此，根据以上问题确定本书研究内容如下。

(1)依据 80VFe 合金中 V 元素与 Fe 元素的比例，固定合金中 V 与 Fe 的比例为 4:1，通过改变合金中 Ti, Cr 的含量，研究 $V_{48}Fe_{12}Ti_{15+x}Cr_{25-x}(x=0, 5, 10, 15)$ 合金的微观结构、吸放氢热力学与动力学等储氢性能的变化规律。

(2)在研究内容(1)的基础上，选择放氢效率最高的合金作为研究对象，研究相对低温长时间热处理对合金相组成、微观结构及吸放氢热力学与动力学等性能的影响。

(3)在研究内容(1)的基础上，选择放氢效率最高的合金作为研究对象，研究掺杂少量 Al 元素对合金微观结构、吸放氢热力学与动力学等性能的影响。

(4)在上述研究的基础上，选择综合性能较好的合金作为研究对象，利用镧(La)的高活性特点，研究掺杂 La 元素(原子数分数为 0%~5%)对合金相组成、微观结构及合金的活化性能、吸放氢热力学与动力学等性能的影响。

研究方案路线如图 1.16 所示。

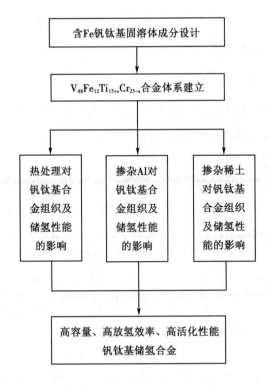

图 1.16　研究路线图

第 2 章　实验仪器和方法

2.1　实验原材料及仪器

实验中所需要的主要实验原料与实验设备如表 2.1 和表 2.2 所列。

表 2.1　实验所需原材料

金属元素	纯度/%	规格/mm	生产厂家
V	99.9	颗粒 6×6×6	中诺新材(北京)科技有限公司
Fe	99.95	颗粒 Φ2×5	中诺新材(北京)科技有限公司
Ti	99.999	颗粒 1~10	中诺新材(北京)科技有限公司
Cr	99.95	电解片状 1~10	中诺新材(北京)科技有限公司
Al	99.9	颗粒 3×3×3	中诺新材(北京)科技有限公司
La	99.9	颗粒 30~50(还原态)	中诺新材(北京)科技有限公司
Ce	99.5	颗粒 20~30(电解态)	中诺新材(北京)科技有限公司
Y	99.9	颗粒 1~6(还原态)	中诺新材(北京)科技有限公司
Sc	99.99	颗粒 1~10(蒸馏态)	中诺新材(北京)科技有限公司

表 2.2　主要实验仪器及测试设备

仪器名称	型号	厂家
管式炉	GSL-1100X-XX-S	合肥科晶材料技术有限公司
X 射线衍射仪	D8 ADVANCE	德国 BRUKER 公司
场发射扫描电子显微镜	TESCAN GAIA3	捷克 Bron 公司
高分辨透射电子显微镜	JEM-2100	日本电子株式会社
电感耦合等离子体发射光谱仪	725 ICP-OES	美国安捷伦科技有限公司
能谱仪	Xflash-6160	德国 BRUKER 公司

表2.2(续)

仪器名称	型号	厂家
高压型差示扫描量热仪	DSC 204 HP	德国 NETZSCH 公司
激光粒度粒度分析仪	MASTERSIZER 3000	英国 Malvern 公司
MH-PCI	Sievert	北京有色金属研究总院
电弧熔炼炉	ZKY-1	沈阳科晶自动化设备有限公司
全自动维氏硬度计	Tukon 1102	美国 Buehler 公司

2.2 合金制备

合金采用 ZKY-1 型电弧熔炼炉制备，熔炼在高纯氩气保护气氛中进行，熔炼电流为 400 A，电压为 35 V。为保证合金成分均匀，合金锭翻转反复熔炼 5 次，熔炼完成后随炉冷却。为补偿元素熔炼过程中的烧损，配料时根据经验多添加质量分数为 5% 的 La，Ce，Y 及 Al。将所得合金锭切割成若干块，表面打磨后，一部分热处理，一部分在空气中机械破碎并过筛 200 目，进行 ICP，XRD，TEM，PCI 等测试。

2.3 热处理

为研究热处理对钒钛基合金组织及储氢性能的影响，铸态合金锭在 GSL-1100X-XX-S 型管式炉中进行热处理，处理过程在高纯氩气保护气氛中进行。

2.4 粒度及成分分析

为研究吸氢过程中氢原子扩散系数及吸放氢后颗粒粒度变化，需对合金粒度进行分析。粒度分析选用 Malvern 公司的 MASTERSIZER 3000 型激光粒度分析仪。

使用美国安捷伦公司生产的 725 ICP-OES 型电感耦合等离子体发射光谱仪对合金成分进行分析。通过与理论设计值相比较，判断制备合金样品是否合格。

2.5 微观结构表征

2.5.1 XRD 分析

因为合金的相组成和微观结构对合金性能有重要影响，所以研究储氢合金的微观结构很有意义。XRD 分析采用德国 BRUKER 公司生产的 D8 ADVANCE 型 X 射线衍射仪，测试条件：扫描范围 $20° \sim 90°$，扫描速度 $0.4°/min$，$CuK\alpha$（$\lambda_{CuK\alpha} = 0.154178\ nm$）辐射，45 kV，40 mA，固体探测器。通过对 XRD 图谱进行全谱拟合（Rietveld 结构精修法），得到合金的相组成与晶胞参数。精修拟合通过 MAUD 软件实现。

2.5.2 SEM/EDS 分析

形貌分析是研究合金微观组织的重要手段。可以得知合金相组成、均匀程度等微观信息，并结合能谱分析元素分布，获得相的元素组成。实验中使用捷克 Bron 公司生产的 TESCAN GAIA3 型场发射扫描电子显微镜（FESEM），工作电压 15 kV，能谱组件为德国 BRUKER 公司生产的 Xflash-6160 型能谱仪。

2.5.3 TEM 表征

用于 TEM 观察的样品，首先将粉碎成小于 200 目的细颗粒在乙醇中超声波分散 5 min，将几滴悬浮液置于涂有碳的铜网格上，并在真空烤箱干燥，用透射电镜进行观测。选取合适区域，进行选区电子衍射（SAED），用来分析样品的相组成和微观结构。选取适当区域进行能谱分析，可以观察该区域中各元素的分布情况。结合透射电镜、选区电子衍射和能谱分析的结果，可以较为准确地判断出样品的微观结构、相组成、晶粒尺寸等信息。实验中使用日本电子株式会社生产的 JEM-2100 型高分辨透射电子显微镜，LaB_6 灯丝，工作电压 200 kV。

2.5.4 显微硬度分析

为研究颗粒粉化与合金硬度的关系,采用美国 Buehler 公司生产的 Tukon 1102 型全自动维氏硬度计测试合金的维氏硬度。样品合金上下表面打平,机械研磨抛光,得到平整干净的表面,利用 9.8 N 的力保持载荷 10 s。

2.6 吸放氢性能测试

实验选用北京有色金属研究总院研制的 MH-PCI 测试仪,其结构如图 2.1 所示。

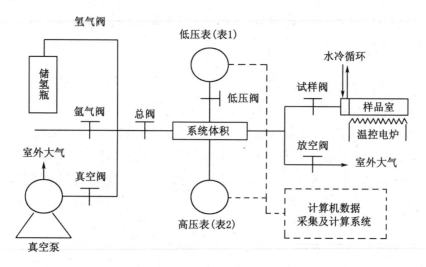

图 2.1 MH-PCI 系统结构示意图

2.6.1 活化性能测试

活化过程按如下步骤进行。

第一步:称量 2 g 合金粉末样品,称重后装入样品室,室温下抽真空 1 h 后,给样品室加热至 380 ℃,继续抽真空 0.5 h,从加热炉中拿出样品室,在空气中自然冷却至室温。充入 5 MPa 氢气(纯度 99.99%),打开试样阀,合金与氢气反应,直至合金停止吸氢。记录吸氢过程中吸氢量随时间的变化。

第二步：将吸氢后的合金加热至 380 ℃，并抽真空 0.5 h，自然冷却至室温，充入 5 MPa 氢气（纯度 99.99%），合金与氢气反应，直至合金停止吸氢。记录吸氢过程中吸氢量随时间的变化。

第三步：重复第二步，直至合金完全活化。

2.6.2　吸放氢动力学测试

合金粉末样品完全活化后，即可以进行吸放氢动力学测试。合金吸放氢动力学曲线是吸放氢量随时间变化的曲线。其中，吸放氢量用定容法测定。根据理想气体状态方程 $PV=nRT$，在温度和体积都是定值的情况下，气体压力的变化 ΔP 能够直接反映气体物质的量的变化量 Δn，根据氢气物质的量的变化量，可得出吸氢量，即

$$m=2\Delta n=2\frac{\Delta PV}{RT}=2\frac{(P_{t_1}-P_{t_2})V}{RT} \tag{2.1}$$

式（2.1）中，m 为合金吸氢质量。单位质量合金吸氢量为

$$w=\frac{m}{M}\times100\%=2\frac{(P_{t_1}-P_{t_2})V}{MRT}\times100\% \tag{2.2}$$

式（2.2）中，M 为合金的质量。

在吸氢动力学测试中，系统及样品室抽真空至 0.1 kPa 以下，关闭试样阀。向系统内充氢气至 5 MPa 左右，打开试样阀，开始记录吸氢动力学曲线。在放氢动力学测试中，记录样品饱和吸氢时样品室压力，关闭试样阀，系统抽真空至 0.1 kPa 以下，打开试样阀，并记录放氢动力学曲线。

2.6.3　PCI 曲线测试

PCI 曲线的测试依据 GB/T 33291—2016《氢化物可逆吸放氢压力–组成–等温线（P–C–I）测试方法》进行。合金完全活化后，将系统及样品室的压力抽真空至 0.1 kPa 以下，然后关闭样品阀，给系统充少量氢气，记录系统压力 P，打开样品阀，样品开始吸氢，系统压力随时间逐渐减小，待系统压力数值稳定在 P_1 超过 1 h，认为样品在压力 P_1 下吸氢饱和，关闭样品阀，根据理想气体状态方程计算出压力 P_1 下的吸氢量，记录数据（质量分数，P_1）；给系统再充入少量氢气，系统压力增加 ΔP，记录此时的系统压力 P，打开样品阀，样品继续吸

氢，系统压力随时间继续减小，待系统压力数值稳定超过 1 h，认为样品在压力 P_2 下吸氢饱和，关闭样品阀，根据理想气体状态方程计算出压力 P_2 下的吸氢量，记录数据（质量分数，P_2）；以此类推，直至样品室压力为 5 MPa，吸氢 PCI 测试完成。

吸氢 PCI 测试完成后，关闭样品阀，将系统压力 5 MPa 抽真空降低至 P，记录系统压力 P，然后打开样品阀，样品开始放氢，系统压力随时间逐渐增大，待系统压力 P_1 数值稳定超过 1 h，认为样品在压力 P_1 下放氢饱和，关闭样品阀，根据理想气体状态方程计算出压力 P_1 下的放氢量，记录数据（质量分数，P_1）；系统再抽真空，减少少量氢气，系统压力减小 ΔP，记录此时的系统压力 P，然后打开样品阀，样品继续放氢，系统压力随时间继续增大，待系统压力数值 P_2 稳定超过 1 h，认为样品在压力 P_2 下放氢饱和，关闭样品阀，根据理想气体状态方程计算出压力 P_2 下的放氢量，记录数据（质量分数，P_2）；以此类推，直至样品室压力为 0.01 MPa，放氢 PCI 测试完成。

2.6.4　吸放氢热力学

根据不同温度下 PCI 曲线的平台压力，并通过范特霍夫方程 $\ln[P(H_2)/P_0] = \Delta H/RT - \Delta S/R$，画出 $\ln(P/P_0) - 1000/T$ 曲线。根据 $\ln(P/P_0)$ 与 $1000/T$ 拟合曲线的斜率及其在垂直坐标上的截距计算出合金吸放氢的熵变和焓变。

2.7　放氢 DSC 测试

为研究样品在非等温条件下的放氢温度及放氢活化能，合金样品吸氢完全后，称取 5.0～30.0 mg，放置于纯铝坩埚，在德国 NETZSCH 公司生产的 DSC 204 HP 型高压型差示扫描量热仪中进行高温放氢 DSC 测试。测试温度为 300～823 K，升温速率为 5，10，20，30 K/min，测试过程中通入氩气保护，氩气流量为 50 mL/min。

第 3 章 $V_{48}Fe_{12}Ti_{15+x}Cr_{25-x}$ 合金的微观结构及吸放氢性能

纯 V 价格高，导致 V-Ti-Cr 系列合金成本居高不下，已经成为 V 基 BCC 合金工业化应用的主要障碍。2003 年 Yu 等[69]首次报道了向 V 基 BCC 合金中添加 Fe 以降低其成本后，许多研究人员陆续开展了相关研究[70-71]，从而促进了 V-Ti-Fe-Cr 系列合金的发展。

Tsukahara M[62]报道了一种 V-Ti-Cr 合金，其组成为原子数分数为 60% 的 V、15% 的 Ti 和 25% 的 Cr，储氢量为 3.78%（质量分数），有效储氢容量在室温下的质量分数为 2.62，是目前报道有效储氢量最大的合金。纯 V 价格昂贵，在本章研究中，根据 FeV80 合金中 V 和 Fe 的比例，用 Fe 部分替代 V，固定 V∶Fe 为 4∶1。由于 Fe 部分替代 V 后，会导致合金吸氢量下降，为了抑制 Fe 部分替代 V 后吸氢量减少，需要在合金中加入其他吸氢元素。Ti 也是一种吸氢元素，但是在合金中加入 Ti，形成的氢化物稳定性太高，不利于放氢，而且循环寿命较短[44]。文献[59-61]表明，在 V-Ti 合金中加入 Cr，可以有效降低合金氢化物的稳定性，同时能提高合金的循环寿命。基于此设计一种 V_{48}-Fe_{12}-Ti-Cr 合金。文献[35]在研究 V_{30}-Ti-Cr-Fe 合金时曾指出，合金的有效吸氢量随着 Ti/Cr 比的增加，先增大后减小；文献[45]的研究结果表明，随着 Ti/Cr 比的增大，有效吸氢容量逐渐减小；而文献[74]的研究结果表明，随着 Ti/Cr 比的增大，有效吸氢量逐渐增大。可以看出，这些研究结论并不一致。本章在通过 V_{48}-Fe_{12}-Ti-Cr 合金中调整吸氢元素 Ti 与非吸氢元素 Cr 的比例，研究 $V_{48}Fe_{12}Ti_{15+x}Cr_{25-x}$（$x=0$，5，10，15）合金的微观结构及吸放氢性能。

3.1 合金的微观结构

图3.1(a)是$V_{48}Fe_{12}Ti_{15+x}Cr_{25-x}$($x=0$，5，10，15)合金的XRD图谱。由图3.1可见，合金均由BCC相(主相)和少量的Laves相及少量的富Ti相组成。随着Ti含量的增加，合金中BCC相的衍射峰的位置逐渐向左偏移，这表明合金的晶格常数随着Ti含量增加而逐渐增大。使用MAUD软件对XRD图谱进行Rietveld精修分析，结果如图3.1(b)所示(以$x=0$的样品为例图)。同时精修计算的BCC相晶格参数列于表3.1中。可以看出，$x=0$时，晶格常数为0.2967 nm；$x=15$时，晶格常数为0.3038 nm。

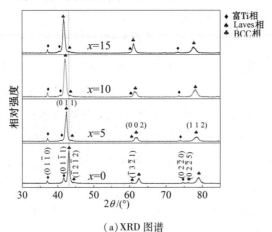

(a)XRD图谱

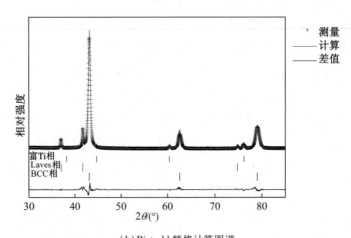

(b)Rietveld精修计算图谱

图3.1　$V_{48}Fe_{12}Ti_{15+x}Cr_{25-x}$($x=0$，5，10，15)合金的XRD图谱

表 3.1　$V_{48}Fe_{12}Ti_{15+x}Cr_{25-x}$($x=0$，5，10，15)合金的各相晶胞参数及相对含量

样品	相	空间群	晶格常数		丰度(质量分
			a/nm	c/nm	数)/%
	BCC	Im-3m(229)	0.2967	—	88.88
$x=0$	富 Ti(α-Ti)	P63-mcc(194)	0.2796	0.4869	8.25
	Laves	P63-mcc(194)	0.4773	0.7925	2.87
	BCC	Im-3m(229)	0.2997	—	91.53
$x=5$	富 Ti(α-Ti)	P63-mcc(194)	0.2792	0.4855	6.05
	Laves	P63-mcc(194)	0.5114	0.8111	2.42
	BCC	Im-3m(229)	0.3019	—	93.54
$x=10$	富 Ti(α-Ti)	P63-mcc(194)	0.2799	0.4837	4.15
	Laves	P63-mcc(194)	0.5276	0.8073	2.31
	BCC	Im-3m(229)	0.3038	—	93.66
$x=15$	富 Ti(α-Ti)	P63-mcc(194)	0.2797	0.4854	5.29
	Laves	P63-mcc(194)	0.4847	0.7885	1.05

这种晶格常数随 Ti 增加而增大的现象是由 Ti，Cr，Fe 和 V 的原子半径之间相对差异引起的；Cr 的原子半径为 128 pm，小于 Ti 的原子半径 147 pm，所以合金主相 BCC 的晶格常数 a 随着 Ti 含量的增加而逐渐增加[79-80]。合金的晶格常数与 Ti 含量的关系如图 3.2 所示，合金 BCC 主相的晶格常数随合金中 Ti 含量的增加线性增加，符合维加德定律[81]。同时可以看出，随着合金中 Ti 含量的增加，BCC 相的相对含量略有增加，而 Laves 相和富 Ti 相的相对含量略有减少。

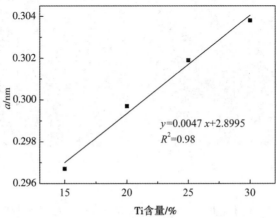

$$y=0.0047x+2.8995$$
$$R^2=0.98$$

图 3.2　$V_{48}Fe_{12}Ti_{15+x}Cr_{25-x}$($x=0$，5，10，15)合金中 BCC 相晶格常数与 Ti 含量的关系

图 3.3 是铸态 $V_{48}Fe_{12}Ti_{15+x}Cr_{25-x}$（$x=0$，5，10，15）合金的扫描电镜背散射电子（BSE）图像，可以明显看出，图像有 A，B，C 三个不同颜色衬度的区域，表明铸态合金包含三种相结构。图 3.4 是合金 $V_{48}Fe_{12}Ti_{15}Cr_{25}$ 背散射电子图像中不同区域的成分能谱曲线，可以明显看出 BSE 图像中不同颜色区域，元素组成、含量比例明显不同。表 3.2 列出了 $V_{48}Fe_{12}Ti_{15+x}Cr_{25-x}$（$x=0$，5，10，15）合金的各相中组成元素比例。EDS 分析结果表明，A 区域、B 区域和 C 区域分别为 BCC 相、富 Ti 相和 C14 型 Laves 相，这与 XRD 检测结果一致。很明显 A 区域的 BCC 相为主相，富 Ti 相和 C14 型 Laves 相含量较少。从表 3.2 中可以看出，合金主相 BCC 中的 Ti 含量随着 x 的增加逐渐升高，从 $x=0$ 时的原子分数为 8.32% 逐渐升高到 $x=15$ 时的原子分数为 27.02%，这说明 Ti 在 BCC 晶格结构中的固溶度范围很广。前面分析表明主相的晶格常数随着 Ti 含量的增加逐渐增大，这主要是由于大原子半径的 Ti 的增高致使晶格膨胀。主相中 Ti 元素含量增高导致以 Ti 为主的富 Ti 相和 Laves 相丰度降低。

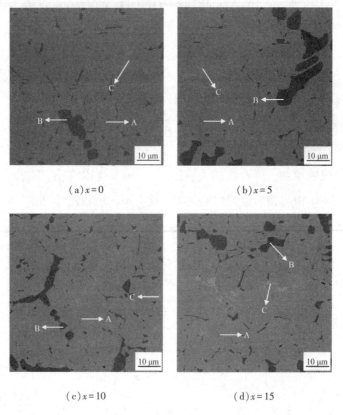

（a）$x=0$　　　　　　　　　（b）$x=5$

（c）$x=10$　　　　　　　　　（d）$x=15$

图 3.3　$V_{48}Fe_{12}Ti_{15+x}Cr_{25-x}$（$x=0$，5，10，15）合金背散射电子像

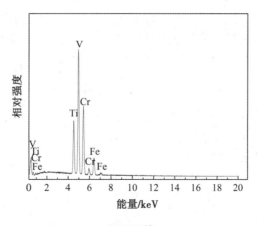

（a）A 区域

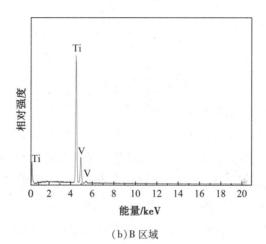

（b）B 区域

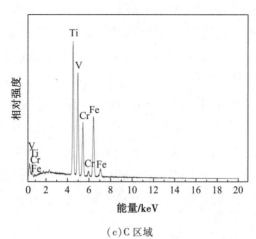

（c）C 区域

图 3.4 合金 V₄₈Fe₁₂Ti₁₅Cr₂₅背散射电子像中不同区域 EDS 图谱

表 3.2　$V_{48}Fe_{12}Ti_{15+x}Cr_{25-x}(x=0,5,10,15)$ 合金不同相的能谱定量结果

样品	区域	V	Ti	Cr	Fe
	A	52.74	8.32	26.99	11.95
$x=0$	B	5.05	94.95	—	—
	C	23.19	35.63	12.96	28.23
	A	55.52	13.40	21.36	9.72
$x=5$	B	6.36	93.64	—	—
	C	21.72	31.73	13.16	33.39
	A	54.53	16.17	17.54	11.76
$x=10$	B	4.15	95.85	—	—
	C	23.34	30.64	16.09	29.93
	A	53.16	27.02	10.12	9.70
$x=15$	B	5.03	94.97	—	—
	C	22.23	28.13	19.52	30.12

　　为了进一步确定晶体结构,本书对 $V_{48}Fe_{12}Ti_{15+x}Cr_{25-x}(x=0,5,10,15)$ 合金进行了 TEM 表征,并分析了合金中多种相的形貌和它们的选区电子衍射图像。图 3.5 是合金 $V_{48}Fe_{12}Ti_{15}Cr_{25}$ 的透射电镜显微照片和相应的选区电子衍射图像。A 区的衍射图[图 3.5(b)]表明存在 BCC 相。根据图 3.5(b)计算出晶格常数为 0.2984 nm,与 XRD 分析确定的 0.2967 nm 非常接近。从 EDS-SEM 分析和透射电镜对 B 区[图 3.5(c)]衍射图的测定可知,B 相组成为 95%Ti-V,为六方结构的 α-Ti,因此确定 B 相为富钛相。图 3.5(d)显示了选定区域 C 的电子衍射图谱。根据图谱计算出部分晶格面间距为 0.241 nm 和 0.148 nm,是六方结构[82]。结合 EDS-SEM 和 XRD 的分析结果,可以确定 C 区是 Laves 相。根据 Tamura 的研究结果,Ti-Cr-Mn-V 合金在 1573 K 退火 1 min 后,合金组织包含非 Laves 相的第二相 α-Ti 相[83]。Nakamura[84] 提出热处理过程中出现 α-Ti 相可能是因为氧侵入样品,稳定了 α-Ti 相,原因是氧在 α-Ti 相中比在其他相中有更大的溶解度。然而,本章中 $V_{48}Fe_{12}Ti_{15+x}Cr_{25-x}(x=0,5,10,15)$ 合金并没有进行热处理,合金组织中存在富 Ti 相(α-Ti),这可能是由于合金电弧熔炼铸锭过程中氩气气氛中的氧或者合金原料表面氧化层中的氧溶解于合金中。

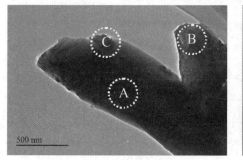

（a）明场像

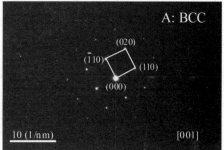

（b）A 区选区电子衍射

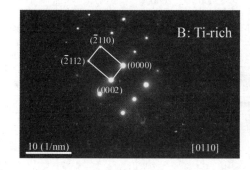

（c）B 区选区电子衍射

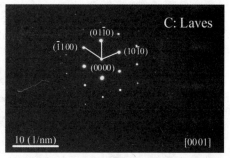

（d）C 区选区电子衍射

图 3.5　$V_{48}Fe_{12}Ti_{15}Cr_{25}$ 合金选区电子衍射图谱和 TEM 形貌像

3.2　吸氢动力学

图 3.6 是 $V_{48}Fe_{12}Ti_{15+x}Cr_{25-x}$（$x = 0$，5，10，15）合金在 295 K 温度下、初始氢气压力 5 MPa 下的吸氢活化曲线。由图 3.6 可以看出，四种合金均能够在三次吸氢循环后完全活化，合金具有良好的活化性能。合金表现出良好的活化性能与合金相组成中有 Laves 相有关。一般认为，Laves 相具有很高的活性和脆性，在活化的初始阶段首先吸氢，吸氢后晶格膨胀导致晶格产生应变，在 Laves 相内部和沿着 Laves 相/BCC 相边界形成新的裂纹，露出新鲜表面。而活化取决于合金的表面条件（尤其是表面氧化），晶格应变形成的新鲜表面为吸氢提供更多通道。

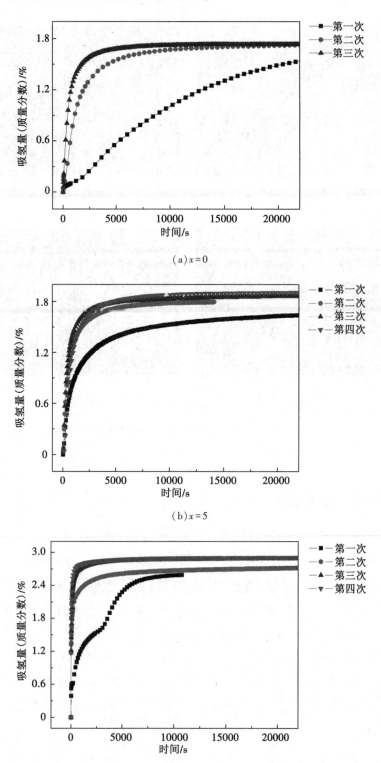

（a）x = 0

（b）x = 5

（c）x = 10

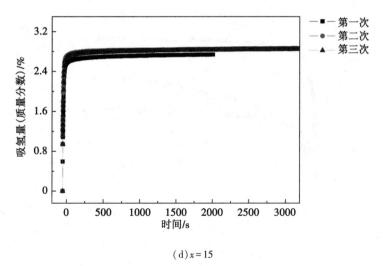

(d) $x=15$

图 3.6 V$_{48}$Fe$_{12}$Ti$_{15+x}$Cr$_{25-x}$($x=0$, 5, 10, 15)合金活化曲线

图 3.7 是合金完全活化后分别在 295, 315, 335 K 温度下, 5 MPa 初始吸氢压力下的吸氢动力学曲线。在 295 K 温度下, $x=0$ 时合金吸氢达到饱和量的 90% 所需时间大约为 $3.6×10^3$ s, $x=5$ 时合金吸氢达到饱和量的 90% 所需时间大约为 $1.8×10^3$ s, $x=10$ 时合金吸氢达到饱和量的 90% 所需时间大约为 480 s, 而 $x=15$ 时合金吸氢达到饱和量的 90% 大约只需要 160 s。由此可以看出, 随着 Ti 含量逐渐增大, 吸氢动力学更好, 主要原因是随着 Ti 含量的提高, 合金中 BCC 主相的晶格常数变大, 而晶格常数越大, 氢原子在合金中扩散速度越快。从图 3.7 中还可以看出, 在 295 K 温度下, 四种合金的吸氢量最大, 完成饱和吸氢所用时间也最短。随着温度的升高, 四种合金的吸氢量逐渐减少, 同时, 合金完成饱和吸氢所用时间也随着温度升高而增加, 吸氢动力学性能明显降低。此外, 合金吸氢量随着 Ti 含量的增加而逐渐增加。这是由于 Ti 元素是吸氢元素, 增加 Ti 含量可以在一定程度上增加吸氢量。同时, Ti 含量增加, 可以增大合金 BCC 主相的晶格常数, 为氢原子提供更多的间隙位置, 从而提高吸氢容量。

金属氢化物是气相和固相反应的产物, 遵循气-固反应的一般规律。研究吸氢动力学机制, 需要对气-固反应作进一步研究。现有文献资料表明, 气-固反应动力学取决于反应温度、合金微观形貌和相组成等因素。储氢合金整个吸氢反应包括氢向合金表面气相传质、氢的物理吸附、氢的解离、氢的化学吸附和氢原子在体内的渗透, 以及氢原子从化学吸附态向溶质态的转变。以上每个阶段都可能影响吸氢速率, 但是整个过程中反应最慢的是速率限制步骤。反应

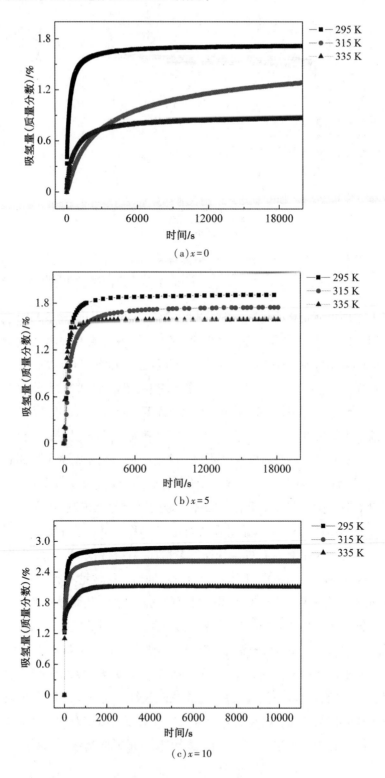

(a) $x = 0$

(b) $x = 5$

(c) $x = 10$

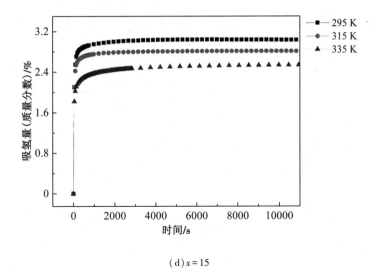

(d)$x=15$

图 3.7　V₄₈Fe₁₂Ti₁₅₊ₓCr₂₅₋ₓ($x=0$, 5, 10, 15)合金吸氢动力学曲线

动力学和反应机理的研究通常是通过用各种分析速率表达式拟合与时间有关的反应分数 $\alpha(t)$，从而确定内在的速率限制步骤。反应分数 $\alpha(t)$ 定义为

$$\alpha(t) = C(t)/C_{\max} \tag{3.1}$$

式(3.1)中，t 是反应时间；$\alpha(t)$ 是反应分数；$C(t)$ 是 t 时刻的吸氢量；$C_{\max}$ 是最大吸氢量。图 3.8 是前 $5×10^3$ s 内四种合金在不同工作温度下的吸氢反应分数随时间的变化规律。可以看出，反应分数 α 随着 Ti 含量的增加而增加。例如，在 295 K 吸氢工作温度下，吸氢时间为第 300 s 时，α 分别为 0.35，0.42，0.91，0.93。

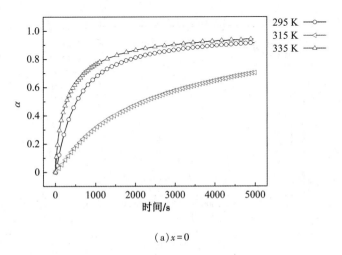

(a)$x=0$

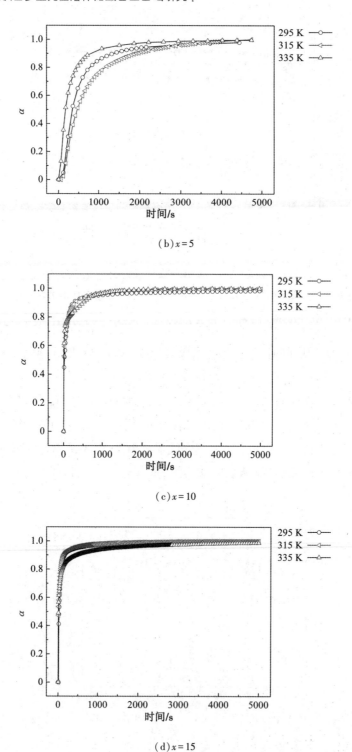

（b）$x = 5$

（c）$x = 10$

（d）$x = 15$

图 3.8　$V_{48}Fe_{12}Ti_{15+x}Cr_{25-x}(x=0,5,10,15)$ 合金吸氢反应分数曲线

气固反应动力学速率方程可以表示[85]为

$$\frac{\mathrm{d}\alpha}{\mathrm{d}t} = kf(\alpha) \tag{3.2}$$

式中，α 为 t 时的反应分数；k 为反应速率常数；$f(\alpha)$ 为反应机理的函数。对 $f(\alpha)$ 积分后表示为

$$g(\alpha) = \int \frac{\mathrm{d}\alpha}{f(\alpha)} = kt \tag{3.3}$$

$g(\alpha)$ 表示反应机理函数，目前储氢合金吸氢过程中反应机理函数有 42 种反应方程表达式[86-87]。为研究 V$_{48}$Fe$_{12}$Ti$_{15+x}$Cr$_{25-x}$($x = 0$，5，10，15)合金的吸氢机理，通过文献[86-87]中列出的 42 种方程式逐步对反应分数 $\alpha(t)$ 随时间的变化曲线分别进行拟合，相关系数 R^2 最大时得到相应的吸氢过程动力学方程。

对四种合金在不同温度下吸氢反应分数随时间变化的曲线进行拟合，发现吸氢过程的动力学模型分别由形核长大模型 $(-\ln(1-\alpha))^n = kt$ ($n = 3/4$，1，3/2，2，3，4) 和三维扩散 G—B 模型 $(1-2\alpha/3) - (1-\alpha)^{2/3} = kt$ 组成。图 3.9 是 V$_{48}$Fe$_{12}$Ti$_{15+x}$Cr$_{25-x}$($x = 0$，5，10，15)合金在不同温度下吸氢反应动力学机制模型。可以看出，吸氢第一阶段（Ⅰ）是形核长大模型。在吸氢第一阶段，氢原子浓度从合金表面到合金体内形成一个由高到低的梯度。氢化物形核方向就是合金中氢浓度梯度方向。因此，在表面附近达到氢的过饱和后，体内的有利区域（氢原子高扩散速率和较低饱和浓度处）开始形核，生长的氢化物核最终重叠形成连续的氢化物层。Bloch[88]指出，第一氢化物核通常出现在氢浓度最高和成核活化能最低的位置（如晶界、缺陷、夹杂物）。V$_{48}$Fe$_{12}$Ti$_{15+x}$Cr$_{25-x}$($x = 0$，5，10，15)合金粉在前期的活化过程中，晶格膨胀收缩，导致母合金开裂，而新鲜的合金表面是一个非常有利的位置，所以初始氢化物相是在裂纹处暴露的新鲜金属表面上成核。然而，确切的成核位置可能与合金表面氢气离解位点或表面钝化层的局部性质有关。另外，Bloch[88]还指出，优先成核位点的数目是有限的，取决于样品的表面特性和不同的样品制备方法。

随着吸氢时间的增加，氢化反应动力学逐渐转变为三维扩散机制，氢原子从表层形成的氢化物层向 α/β 界面处扩散。随着反应的进行，氢原子继续向体内扩散，在金属/氢化物界面处形成新的氢化物，扩散过程满足径向扩散菲克第一定律，其扩散反应遵循抛物线定律[33]：

$$w = k \cdot \sqrt{t} \tag{3.4}$$

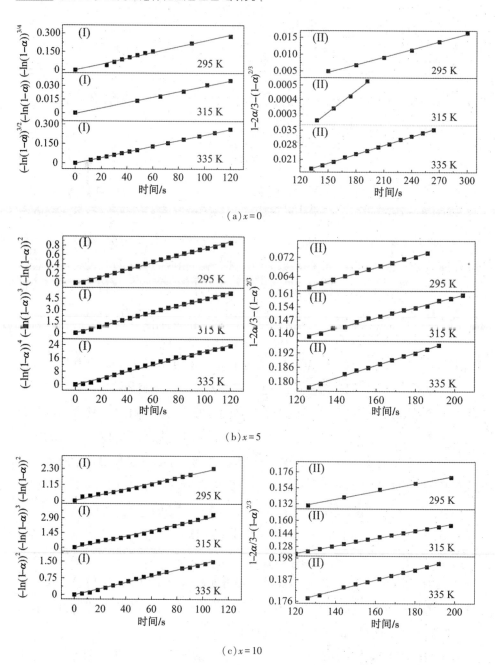

（a）$x=0$

（b）$x=5$

（c）$x=10$

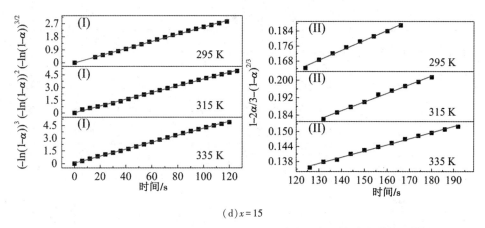

(d) $x = 15$

图 3.9   V$_{48}$Fe$_{12}$Ti$_{15+x}$Cr$_{25-x}$($x = 0$, 5, 10, 15)合金吸氢反应动力学机制模型

由式(3.4)可以看出，扩散机制产生的氢化物量 w 与时间 t 的平方根成正比。为了明确在整个吸氢过程中的速率限制步骤，将合金吸氢不同阶段的反应速率常数(k_1，k_2)列于表 3.3 中。从表 3.3 中可以看出，同一合金在一定的吸氢反应温度下，形核长大反应速率 k_1 都大于三维扩散反应速率 k_2。不同合金在吸氢第一阶段的速率常数 k_1 由于不符合相同的拟合公式，无法比较。k_2 是一定时间范围内的反应速率常数，例如在 295 K 下，V$_{48}$Fe$_{12}$Ti$_{15}$Cr$_{25}$ 合金 k_2 为 7.61×10^{-5} s^{-1}，是第一阶段反应结束后到反应进行到 300 s 内的值。随着反应时间增加，氢化物层厚度逐渐增大，对氢原子扩散形成更大的阻碍作用，氢扩散系数变小，所以尽管后面的反应仍然是三维扩散反应，但是反应速率常数逐渐变小。这表明氢原子通过氢化物的三维扩散是整个吸氢过程的限速步骤。通过对比同一合金在不同温度下的吸氢反应常数 k_2 可以发现，随着温度升高，吸氢反应的三维扩散反应速率变慢。一般认为，温度升高，会提高粒子的迁移运动，加强扩散，然而实验结果显示，随着温度升高，三维扩散反应速率 k_2 变慢[24, 33]。分析认为，氢化反应是一个可逆的放热反应，温度提高有利于放氢反应，而不利于吸氢反应。

表 3.3   合金吸氢不同阶段的反应速率常数

样品	温度/K	第一阶段			第二阶段		
		k_1/s^{-1}	R^2	t/s	k_2/s^{-1}	R^2	t/s
	295	0.00238	0.990	120	7.61×10^{-5}	0.996	300
$x = 0$	315	0.00030	0.995	120	4.97×10^{-6}	0.994	192
	335	0.00227	0.998	120	1.42×10^{-4}	0.999	264

表3. 3(续)

样品	温度/K	第一阶段			第二阶段		
		k_1/s^{-1}	R^2	t/s	k_2/s^{-1}	R^2	t/s
	295	0.00740	0.996	120	2.38×10^{-4}	0.998	186
$x=5$	315	0.04410	0.998	120	2.75×10^{-4}	0.994	204
	335	0.20220	0.993	120	2.64×10^{-4}	0.997	192
	295	0.02060	0.988	108	5.04×10^{-4}	0.995	198
$x=10$	315	0.02830	0.988	108	4.75×10^{-4}	0.998	198
	335	0.01420	0.994	108	4.62×10^{-4}	0.997	192
	295	0.02475	0.998	118	5.21×10^{-4}	0.993	166
$x=15$	315	0.03975	0.998	126	1203.97×10^{-4}	0.993	180
	335	0.04126	0.999	120	2.46×10^{-4}	0.994	192

通过对比不同合金的反应速率常数 k_2 可以发现，随着 Ti/Cr 原子比的升高，合金的三维扩散机制反应阶段的反应速率逐渐增大。反应速率提高与氢扩散系数提高有直接关系。氢原子在合金中的扩散可以认为是浓度梯度下氢原子的体扩散，扩散过程是非稳定扩散，符合菲克第二定律，可用化学扩散系数描述。根据文献[89]所述，根据等温等压条件下的吸氢量随时间变化的数据可以计算出氢原子扩散系数。假设合金颗粒是球状的，计算式为

$$\frac{M_t}{M_\infty} = 1 - \frac{6}{\pi^2}\sum_{n=1}^{\infty}\frac{1}{n^2}\exp\left(-\frac{Dn^2\pi^2 t}{a^2}\right) \tag{3.5}$$

式(3.5)中，M_t 为 t 时刻吸氢量；M_∞ 为饱和吸氢量；D 为所求的氢原子扩散系数；a 为颗粒的半径。M_t 与 M_∞ 已得到，只要得到颗粒的半径，就可以得到扩散系数。图 3. 10 是 x 不同的合金颗粒粒度分布曲线，完全活化后颗粒的平均粒度分别为 51, 66, 75 和 76 μm 左右。因为合金活化之前，粉末经统一孔径筛分，且经历相同条件的活化过程，所以合金颗粒尺寸分布不同的原因与合金强度相关。对合金硬度进行测试，其结果如图 3. 11 所示。随着 Ti 含量增加，合金的硬度降低。硬度降低，必然导致合金韧性提高。随着 Ti/Cr 原子比升高，经过循环活化后，合金颗粒粉化程度降低。为精确计算 D，式(3. 5)的求和项取前 100 项计算，得出的反应过程中氢扩散系数如图 3. 12 所示。通过对比可以发现，随着 Ti/Cr 原子比升高，扩散系数 D 逐渐增大。例如，反应时间为 70 s 时，四种合金 D 值分别为 1.10×10^{-10}，5.12×10^{-9}，1.42×10^{-8} 和 2.03×10^{-8} cm²/s，说明合金 BCC 相晶格常数越大，氢原子扩散系数越大。文献[26]表明，V – Ti

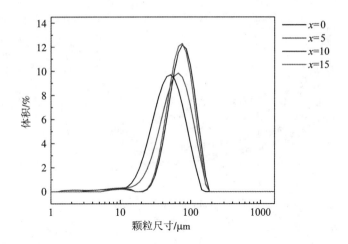

图 3.10 $V_{48}Fe_{12}Ti_{15+x}Cr_{25-x}(x=0，5，10，15)$合金颗粒完全活化后粒度分布曲线

基合金吸氢反应前 30% 的过程是在形成 BCC 结构的固溶体相，反应进行到 30%~50% 是形成单氢化物，剩余过程的反应是生成 FCC 结构的二氢化物。而根据图 3.12 扩散系数计算结果可知，反应初期的扩散系数比反应后期的大两个数量级，说明氢原子在合金中 BCC 相的扩散系数比在 FCC 结构二氢化物中大两个数量级。通过对氢原子扩散系数随反应时间变化曲线进行拟合可以发现，扩散系数随反应时间变化满足三相指数衰减函数：

$$D = A_1 \times \exp(-t/\tau_1) + A_2 \times \exp(-t/\tau_2) + A_3 \times \exp(-t/\tau_3) + D_0 \qquad (3.6)$$

式中，A_1，A_2，A_3 是衰减幅度常数；τ_1，τ_2，τ_3 是与时间有关的常数；D_0 是偏移量。由此可以看出，在室温下，吸氢过程中氢原子扩散系数以三相指数衰减函数形式随反应时间发生变化。

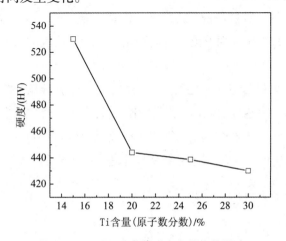

图 3.11 不同 Ti 含量对合金硬度的影响

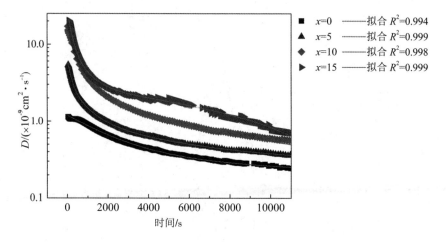

图 3.12　氢原子扩散系数随反应时间变化曲线

3.3　放氢动力学

图 3.13 是 $V_{48}Fe_{12}Ti_{15+x}Cr_{25-x}(x=0，5，10，15)$ 合金完全活化后分别在 295，315，335 K，0.1 kPa 初始氢压条件下的放氢动力学曲线。在 295 K，合金随 Ti 含量增加，放氢达到饱和量 90% 所需时间分别为 400，120，230 和 800 s。随着合金中 Ti 含量增加，合金放氢动力学的最佳温度逐渐升高，x 从 0 增加到 15，最佳放氢温度从 295 K 升高到 315 K。分析认为，由于 Cr 原子半径小于 Ti 原子半径，随着 Ti 含量逐渐增加，合金主相 BCC 的晶格常数逐渐增大，吸氢相晶格常数增加一般会导致放氢平衡压力降低，放氢性能变差。由于放氢反应为吸热过程，合金放氢平衡压力随着温度升高而增大，所以放氢动力学最佳温度随 Ti 含量增加逐渐提高。

储氢合金放氢过程包括氢化物/金属界面上氢化物分解，氢原子通过 α 固溶相扩散，氢原子穿透合金表面，化学吸附的氢原子复合成氢分子并物理吸附于合金表面，氢分子从表面释放成气相。以上每个阶段都可能会影响整体放氢速率，整个过程中的本征放氢速率限制步骤是反应最慢的步骤。

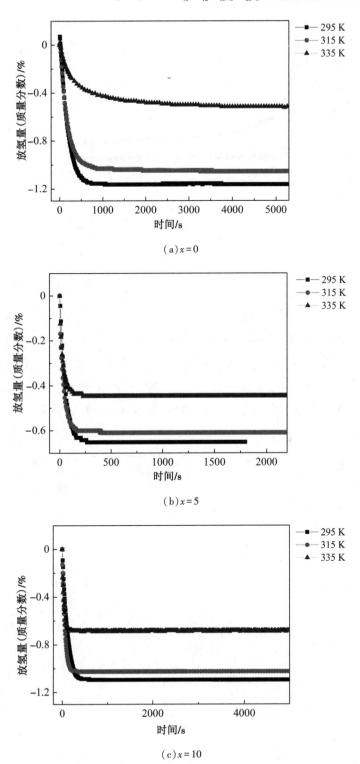

（a）$x = 0$

（b）$x = 5$

（c）$x = 10$

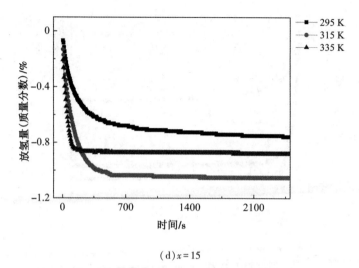

（d）$x = 15$

图 3.13 $V_{48}Fe_{12}Ti_{15+x}Cr_{25-x}(x = 0, 5, 10, 15)$ 合金放氢动力学曲线

与 3.3 节研究吸氢反应动力学和反应机理一样，用分析速率表达式拟合与时间有关的反应分数 α，确定内在的速率限制步骤。反应分数 α 表达式与式（3.1）相同。图 3.14 是前 1000 s 内合金在不同温度下的放氢反应分数随时间的变化曲线。可以看出，室温下放氢反应分数 α 随 Ti 含量增加先增大后减小。例如，在 295 K 放氢工作温度下，放氢时间为第 100 s 时，α 分别为 0.40，0.61，0.59，0.53。

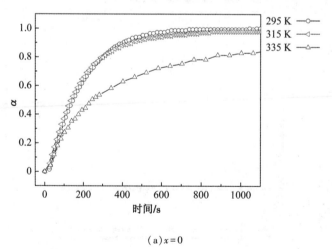

（a）$x = 0$

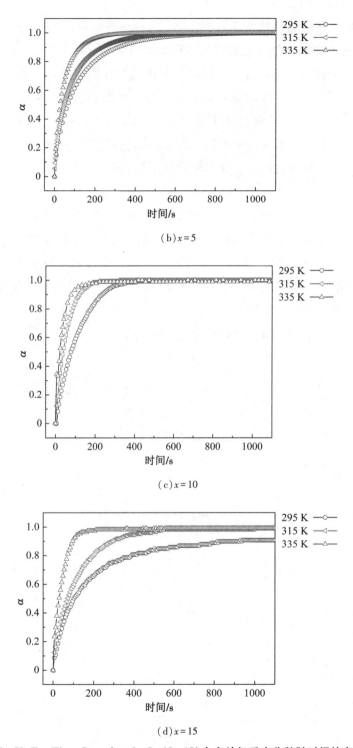

图 3.14 $V_{48}Fe_{12}Ti_{15+x}Cr_{25-x}(x=0, 5, 10, 15)$合金放氢反应分数随时间的变化曲线

放氢反应是吸氢反应的逆过程，反应速率也符合式(3.2)和式(3.3)。将反应分数 $\alpha(t)$ 随时间的变化曲线用不同反应模型进行拟合，相关系数 R^2 最大时得到相应的放氢过程动力学方程。图 3.15 是合金放氢反应过程动力学机制模型。放氢过程不止一个速率控制步骤，反应过程分别由几何收缩模型机制 $1-(1-\alpha)^{1/3}=kt$ 和三维扩散 G–B 模型机制 $(1-2\alpha/3)-(1-\alpha)^{2/3}=kt$ 组成。放氢过程第一阶段是几何收缩模型机制，第二阶段是三维扩散机制。

合金放氢不同阶段的反应速率常数(k_1, k_2)列于表 3.4 中。从表中可以看出，随着 Ti 含量的升高，295 K 工作温度下的放氢反应第一阶段反应速率 k_1 和第二阶段反应速率 k_2 先增大后减小，四种合金中 Ti 含量(原子数分数)为 20% 时合金放氢反应动力学性能最佳。通过对比同一合金在不同温度下的放氢反应常数可以发现，随着温度升高，放氢反应的几何收缩模型反应速率和二维扩散反应速率均变快，由于放氢反应是吸热反应，在一定范围内温度升高，有利于氢化物的分解，同时，温度升高，有利于氢原子通过固溶体 α 相的间隙扩散及穿透合金表面。总之，温度升高对放氢是有利的。

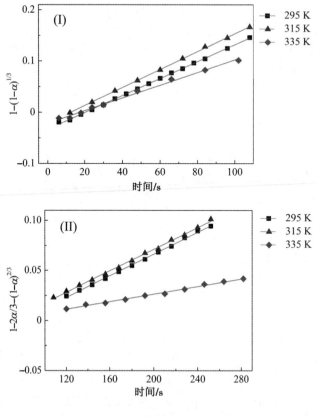

(a) $x=0$

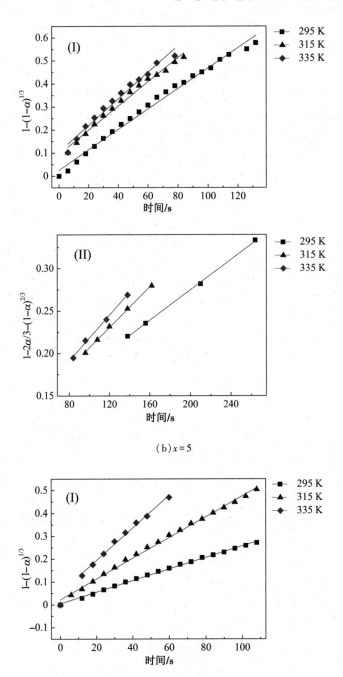

(b) x = 5

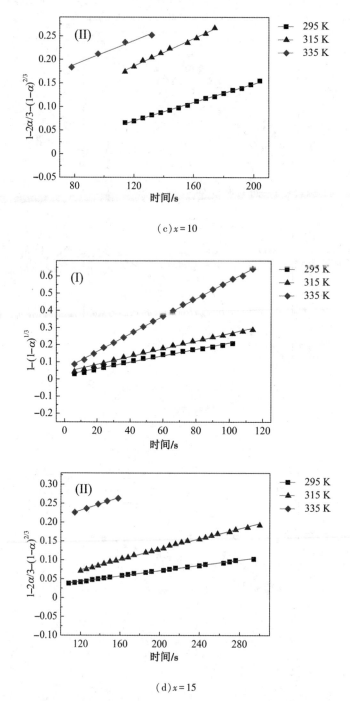

(c) $x=10$

(d) $x=15$

图 3.15 $V_{48}Fe_{12}Ti_{15+x}Cr_{25-x}(x=0, 5, 10, 15)$ 合金放氢反应动力学机制模型

表 3.4 合金放氢不同阶段的反应速率常数

样品	温度/K	第一阶段			第二阶段		
		k_1/s^{-1}	R^2	t/s	k_2/s^{-1}	R^2	t/s
$x=0$	295	0.00165	0.999	108	5.42×10^{-4}	0.998	252
	315	0.00175	0.999	108	5.38×10^{-4}	0.998	252
	335	0.00124	0.994	102	1.88×10^{-4}	0.992	282
$x=5$	295	0.00443	0.990	132	8.95×10^{-4}	0.999	264
	315	0.00524	0.988	84	1.20×10^{-3}	0.998	162
	335	0.00575	0.978	78	1.35×10^{-3}	0.993	138
$x=10$	295	0.00253	0.998	108	1.00×10^{-3}	0.997	204
	315	0.00453	0.996	108	1.77×10^{-3}	0.994	180
	335	0.00711	0.994	60	1.28×10^{-3}	0.974	132
$x=15$	295	0.00187	0.990	102	3.50×10^{-4}	0.997	294
	315	0.00225	0.993	114	6.84×10^{-4}	0.997	300
	335	0.00504	0.999	114	9.13×10^{-4}	0.998	138

3.4 吸放氢热力学

图 3.16 是所研究合金在不同温度下的吸放氢 PCI 曲线。吸放氢相关性能参数列于表 3.5 中。合金吸氢量随着 Ti 含量增加逐渐增大，例如，在 298 K 下 $x=15$ 时合金最大吸氢容量为 2.94%（质量分数），高于其他合金最大吸氢容量。这主要有两个原因：第一，由于 Ti 元素是吸氢元素，Ti 含量增加，提高了最大吸氢容量；第二，在 3.1 节中对合金相丰度及晶格常数计算的结果表明，随着 Ti 含量增加，吸氢 BCC 主相丰度逐渐升高，同时 BCC 相晶格常数也逐渐增大，BCC 相含量增加和晶格常数增大对于提高吸氢容量十分有利。值得指出的是，$x=0$ 时合金吸氢量最小，质量分数只有 1.98%，但是放氢率（R_{HD}，计算公式为 $R_{HD}=C_{eff}/C_{max}\times100\%$，这里 C_{max} 是最大吸氢量，C_{eff} 是有效放氢量）高达 88.4%；而 $x=15$ 时合金吸氢量最高，但是放氢率降到了 61.6%。放氢率与 BCC 相的晶格常数大小有关，晶格常数越小，合金中间隙位置越小，导致平台压较高，高平台压有利于提高放氢率。

从表 3.5 中还可以看出，吸放氢最大容量随着吸放氢工作温度的升高逐渐降低。同时，吸放氢 PCI 曲线的平台倾斜因子 S_f 随着工作温度的升高逐渐变大，而吸放氢 PCI 曲线平台的滞后 H_f 随着温度的升高而逐渐减小。由此可以看出，温度影响合金吸放氢性能是多方面综合的结果。

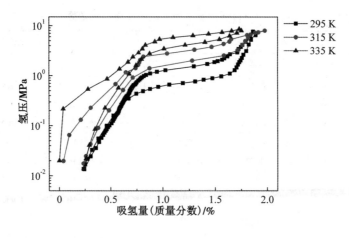

（a）$x = 0$

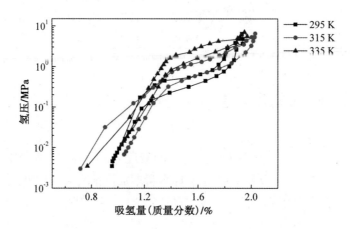

（b）$x = 5$

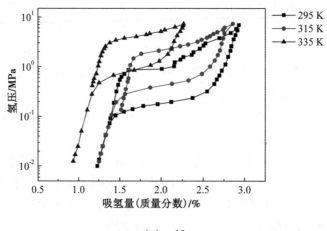

（c）$x = 10$

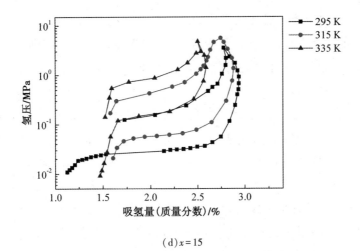

(d) $x = 15$

图 3.16 V₄₈Fe₁₂Ti₁₅₊ₓCr₂₅₋ₓ($x = 0$, 5, 10, 15)合金不同温度下吸放氢 PCI 曲线

表 3.5 V₄₈Fe₁₂Ti₁₅₊ₓCr₂₅₋ₓ($x = 0$, 5, 10, 15)合金吸放氢 PCI 参数

样品	温度/K	吸氢			放氢			滞后
		容量	平台压	倾斜因子	容量	平台压	倾斜因子	
$x = 0$	295	1.890	1.516	1.220	1.660	0.793	0.800	0.650
	315	1.980	3.225	2.410	1.750	2.080	2.440	0.350
	335	1.750	6.615	4.390	1.510	4.415	4.500	0.400
$x = 5$	295	1.940	0.590	1.120	0.940	0.340	0.840	0.550
	315	2.030	2.050	4.950	0.980	0.770	2.000	0.890
	335	1.970	3.570	6.470	0.940	2.290	6.080	0.440
$x = 10$	295	2.930	0.880	0.070	1.700	0.210	0.180	1.430
	315	2.860	2.410	4.710	1.610	0.550	0.710	1.980
	335	2.260	3.410	5.090	1.320	1.030	1.600	1.580
$x = 15$	295	2.940	0.350	0.460	1.810	0.030	0.010	2.450
	315	2.890	0.890	1.170	1.280	0.070	0.070	2.410
	335	2.600	1.170	1.420	1.130	0.180	0.260	1.630

平台压是合金吸放氢性能的关键性参数, 对合金的实际应用有重要意义。一般表达为 $P_{eq} = (P_1 + P_2)/2$, P_1 和 P_2 分别是吸放氢 PCI 曲线平台的起始压力和结束压力。随着 Ti 含量的增加, 合金吸放氢平台压逐渐降低。例如, 在 295 K 的工作温度下, $x = 0$ 时合金的吸放氢平台压力分别为 1.516 MPa 和 0.793 MPa, $x = 15$ 时合金的吸放氢平台压力分别降低为 0.350 MPa 和 0.030 MPa。吸放氢

平台压的变化受合金晶格常数变化的影响。合金的晶格常数越小，平台压越高，氢化物的稳定性越低。3.1 节中 XRD 和 TEM 的分析结果表明，随着 Ti 含量增加，合金的晶格常数逐渐增大。$x = 15$ 时合金具有最大的晶胞体积，平台压力最低，所以形成的氢化物更加稳定。

除了 Ti 含量对合金的平台压力有明显影响外，Ti 含量对其他性能也有影响。随着 Ti 含量的增加，平台倾斜因子 S_f 逐渐变小，而平台的滞后 H_f 逐渐变大。综上所述，Ti 含量对 $V_{48}Fe_{12}Ti_{15+x}Cr_{25-x}$（$x = 0$，5，10，15）合金储氢性能的影响是多方面的。同时发现，合金吸、放氢平台压力随着温度升高而增大。从图 1.11 可知，钒基合金吸放氢存在两个平台，第一个平台压压力很小（小于 1 Pa），所以图 3.16 显示的吸放氢平台是对应的第二个平台。

不同温度下的吸放氢平台压力 P_{eq} 值通常用于使用范特霍夫方程 [式 (1.9)] 计算吸放氢过程中熵和焓的变化。根据表 3.5 的 PCI 数据，计算得到 $V_{48}Fe_{12}Ti_{15+x}Cr_{25-x}$（$x = 0$，5，10，15）合金的范特霍夫曲线如图 3.17 所示。从图中可以明显看出，$\ln(P_{eq}/P_0) - 1000/T$ 具有良好的线性关系。从 $\ln(P_{eq}/P_0)$ 与 $1000/T$ 拟合曲线的斜率及其在垂直坐标上的截距可以很容易地得到吸放氢焓变 ΔH 和熵变 ΔS。通过计算得到 $x = 0$，$x = 5$，$x = 10$ 和 $x = 15$ 时合金放氢焓变 ΔH_{des} 分别为 30.12，34.25，37.50 和 41.07 kJ/mol，都在实际应用范围（20～50 kJ/mol）内[35]。随着 Ti 含量的增加，合金放氢焓变逐渐增加，说明 Ti 含量增加使得合金形成的氢化物更加稳定，释放氢需要更多的能量，这与之前的结果一致。氢化物稳定性的变化主要与 Ti，Cr 元素性质有关，Ti 元素的电负性是 1.54，而 Cr 的电负性是 1.66，氢的电负性是 2.20，电负性越小，对氢具有更高的亲和力，所以在 $V_{48}Fe_{12}Ti_{15+x}Cr_{25-x}$（$x = 0$，5，10，15）合金中随着 Ti 含量增加合金形成的氢化物更加稳定。

需要说明的是，吸放氢熵和焓的确定一般需要较宽温度范围内的数据。在本书中，虽然所研究的温度范围有限，但是计算得到的四种合金吸放氢熵变都在 125 J/(mol·K) 左右，125 J/(mol·K) 通常被认为是气态吸放氢的熵，所以计算是准确的。表 3.6 列出了本实验合金与文献报道合金使用范特霍夫方程计算得到的吸放氢焓值，钒中加入合金化元素后，改变了氢化物形成焓，例如添加 Ti 提高了氢化物放氢焓[90]，添加 Cr 降低了氢化物放氢焓[91]，这与本书的研究结果一致。

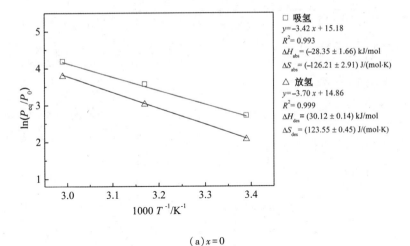

（a）$x = 0$

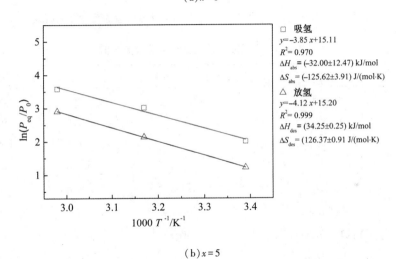

（b）$x = 5$

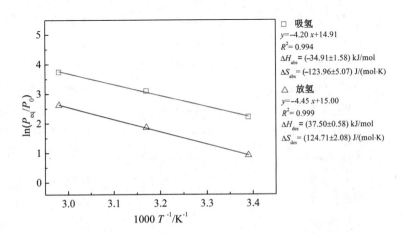

（c）$x = 10$

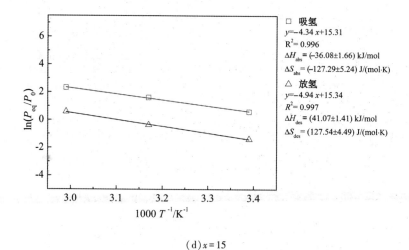

$\square$ 吸氢
$y=-4.34\,x+15.31$
$R^2=0.996$
$\Delta H_{abs}=(-36.08\pm1.66)\ \mathrm{kJ/mol}$
$\Delta S_{abs}=(-127.29\pm5.24)\ \mathrm{J/(mol\cdot K)}$
$\triangle$ 放氢
$y=-4.94\,x+15.34$
$R^2=0.997$
$\Delta H_{des}=(41.07\pm1.41)\ \mathrm{kJ/mol}$
$\Delta S_{des}=(127.54\pm4.49)\ \mathrm{J/(mol\cdot K)}$

（d）$x=15$

图 3.17 $V_{48}Fe_{12}Ti_{15+x}Cr_{25-x}(x=0,5,10,15)$ 合金的范特霍夫曲线

表 3.6 不同成分的钒基合金吸放氢焓值

序号	合金	吸氢焓/($kJ\cdot mol^{-1}$)	放氢焓/($kJ\cdot mol^{-1}$)	参考文献
1	$V_{0.8}Ti_{0.2}$	—	48.0	[90]
2	$V_{0.9}Cr_{0.1}$	—	33.0	[91]
3	V	—	40.1	[92]
4	$V_{0.95}Ti_{0.05}$	−43.00	45.0	[93]
5	$V_{0.9}Ti_{0.1}$	−48.00	49.0	[59]
6	$V_{35}Ti_{20}Cr_{45}$	−28.21±0.92	—	[88]
7	$(V_{0.9}Ti_{0.1})_{0.95}Cr_{0.05}$	−53.00	49.00	[59]
8	$V_{0.85}Ti_{0.15}$	−52.00	54.00	[94]
9	$(V_{0.85}Ti_{0.15})_{0.95}Cr_{0.05}$	−47.00	48.00	[94]
10	$(V_{0.85}Ti_{0.15})_{0.9}Cr_{0.1}$	−43.00	42.00	[94]
11	$V_{0.8}TiCr_{1.2}$	−27.00	—	[95]
12	$V_{40}Ti_{26}Cr_{26}Fe_8$	—	39.60	[96]
13	$V_{22}Ti_{35}Cr_{43}$	−39.00±2.00	—	[97]
14	$V_{18}Ti_{35}Cr_{47}$	−35.00±6.00	—	[97]
15	$Ti_{0.32}Cr_{0.43}V_{0.25}$	−38.0	—	[98]
16	$V_{0.88}Ti_{0.10}Fe_{0.02}$	—	44.00	[99]
17	$Ti_{23}Mn_{37}V_{40}$	—	34.88	[100]
18	$Ti_{21}Mn_{34}V_{45}$	—	37.66	[100]

表3.6(续)

序号	合金	吸氢熔/(kJ·mol^{-1})	放氢熔/(kJ·mol^{-1})	参考文献
19	$V_{48}Fe_{12}Ti_{15}Cr_{25}$	−28.35±1.66	30.12±0.14	本文
20	$V_{48}Fe_{12}Ti_{20}Cr_{20}$	−32.00±12.47	34.25±0.25	本文
21	$V_{48}Fe_{12}Ti_{25}Cr_{15}$	−34.91±1.58	37.50±0.58	本文
22	$V_{48}Fe_{12}Ti_{30}Cr_{10}$	−36.08±1.66	41.07±1.41	本文

3.5 平台压与 Ti/Cr 比的关系

为进一步研究 Ti,Cr 元素含量对 $V_{48}Fe_{12}Ti_{15+x}Cr_{25-x}$($x=0$,5,10,15)合金放氢平台压的影响,将 Ti 与 Cr 的物质的量比 $N_{Ti/Cr}$ 作为横坐标、不同温度下的放氢平台压力作为纵坐标作图,如图 3.18(a)所示,在不同温度下,合金放氢平台压力随着 $N_{Ti/Cr}$ 的增加逐渐降低。为了深入研究合金放氢平台压力 P_{eq} 与 $N_{Ti/Cr}$ 的关系,在不同温度下,将合金的放氢平台压求自然对数后作为纵坐标,将 $N_{Ti/Cr}$ 作为横坐标,如图 3.18(b)所示,$\ln P_{eq}$ 与 $N_{Ti/Cr}$ 成良好的线性关系。不同温度下 $\ln P_{eq}$ 对 $N_{Ti/Cr}$ 拟合直线的方程分别为 $y_{295\ K}=-1.33x+0.52$,$y_{315\ K}=-1.33x+1.44$,$y_{335\ K}=-1.33x+2.27$。可以看出,不同温度下 $\ln(P_{eq})$ 对 $N_{Ti/Cr}$ 拟合直线方程斜率相同,只是截距不同。所以,不同温度下 $\ln(P_{eq})$ 对 $N_{Ti/Cr}$ 拟合直线的方程可以用一个方程表示:

$$\ln P_{eq}=-1.33N_{Ti/Cr}+A \tag{3.7}$$

将式(3.7)进行如下变换:

$$\begin{aligned} P_{eq}&=e^{(-1.33N_{Ti/Cr}+A)}\\ &=e^{A}\cdot e^{(-1.33N_{Ti/Cr})}\\ &=K\cdot e^{(-1.33N_{Ti/Cr})} \end{aligned} \tag{3.8}$$

式(3.8)中,K 是与放氢工作温度有关的系数。

为了确定 K 的表达式,将不同温度下的 $\ln(P_{eq})$ 对 $N_{Ti/Cr}$ 拟合直线的截距 A 作为纵坐标、温度作为横坐标作图,如图 3.19 所示,A 与温度成良好的线性关系,拟合直线的方程为 $y=0.0437x-12.37$。

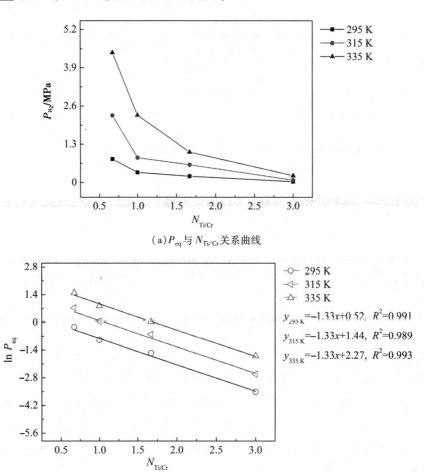

（a）P_{eq}与$N_{Ti/Cr}$关系曲线

$y_{295\,K} = -1.33x + 0.52,\quad R^2 = 0.991$

$y_{315\,K} = -1.33x + 1.44,\quad R^2 = 0.989$

$y_{335\,K} = -1.33x + 2.27,\quad R^2 = 0.993$

（b）$\ln P_{eq}$与$N_{Ti/Cr}$关系曲线

图 3.18　$V_{48}Fe_{12}Ti_{15+x}Cr_{25-x}(x=0,5,10,15)$合金放氢平台压与$N_{Ti/Cr}$关系曲线

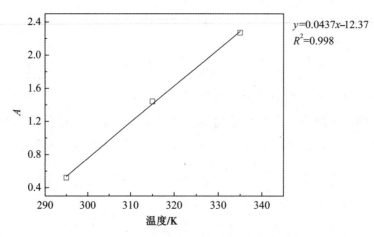

$y = 0.0437x - 12.37$
$R^2 = 0.998$

图 3.19　A 与放氢工作温度的关系曲线

由式(3.8)可知，$K=e^A$，基于物理量纲统一的考虑，在方程中引入 P_0，T_0，系数 K 有如下表达式：

$$K = P_0 \cdot e^{\left(\frac{0.0437T}{T_0}-12.37\right)} \tag{3.9}$$

式(3.9)中，P_0，T_0分别为 1 MPa 和 1 K。将式(3.8)和式(3.9)合并后有如下形式：

$$P_{eq} = P_0 \cdot e^{\left(\frac{0.0437T}{T_0}-12.37-1.33N_{Ti/Cr}\right)} \tag{3.10}$$

从式(3.10)可以发现，在一定的工作温度下，V$_{48}$Fe$_{12}$Ti$_{15+x}$Cr$_{25-x}$($x=0$，5，10，15)合金的放氢平台压力随着 Ti/Cr 原子比成指数关系递减。这种关系目前没有被报道过。为了研究这种指数关系是否在 V-Ti-Cr 合金或者 V-Ti-C-Fer 合金中具有普适性，将式(3.10)简化成如下形式：

$$P_{eq} = P_0 \cdot e^{\left(\frac{a \cdot T}{T_0}+b \cdot N_{Ti/Cr}+c\right)} \tag{3.11}$$

式中，a，b，c 是与合金组分有关的常数。为了验证这种关系是否具有普适性，对文献中的数据进行整理列于表 3.7 中，经计算后发现文献中合金的放氢平台压与 $N_{Ti/Cr}$ 同样符合式(3.11)的指数关系。由此可以看出，关系式(3.11)在 V-Ti-Cr 和 V-Ti-Cr-Fe 系列合金中具有普适性。

表 3.7 文献中合金的放氢平台压与 $N_{Ti/Cr}$

序号	合金	$N_{Ti/Cr}$	平衡压/MPa	温度/K	参考文献
1	V$_{55}$-Fe$_{6.4}$-Ti-Cr	1.40	0.030	298	[30]
		1.26	0.060		
		1.13	0.100		
		1.02	0.200		
		0.92	0.300		
2	V$_{42}$-Fe$_{8.3}$-Ti-Cr	1.40	0.050	298	[30]
		1.29	0.090		
		1.19	0.150		
		1.10	0.250		
		1.01	0.360		
3	V$_{30}$-Fe$_{10}$-Ti-Cr	1.07	0.300	298	[35]
		1.22	0.110		
		1.40	0.040		
		1.61	0.010		
		1.86	0.002		

表3.7(续)

序号	合金	$N_{Ti/Cr}$	平衡压/MPa	温度/K	参考文献
4	$V_{40}-Fe_8-Ti-Cr$	1.20	0.090	298	[96]
		1.10	0.140		
		1.05	0.180		
		1.00	0.240		
		0.95	0.300		
5	$V_{60}-Ti-CrP$	0.33	0.400	273	[101]
		0.46	0.100		
		0.67	0.015		
6	$V_{80}-Ti-Cr$	0.18	0.450	273	[101]
		0.33	0.180		
		0.66	0.028		
7	$V_{40}-Ti-Cr$	0.71	0.700	313	[60]
		0.76	0.550		
		0.85	0.350		
		1.00	0.160		

3.6 放氢活化能

　　热分析和量热法可以用来确定金属氢化物相变的热力学参数。此外,热分析还可用于快速确定氢吸收和解吸所需的温度范围[102]。为了进一步研究实验合金在非等温条件下的放氢性能,著者对吸氢饱和后的合金进行了差示扫描量热(DSC)测试。图3.20是研究合金的DSC测试曲线,其中T_p是吸热峰的峰值温度。表3.8列出了合金的放氢温度参数。从图中可以看出,每一条DSC曲线只有一个吸热峰,但是$x=5$时合金的DSC曲线与其他三个合金的相比较平坦,不够尖锐。

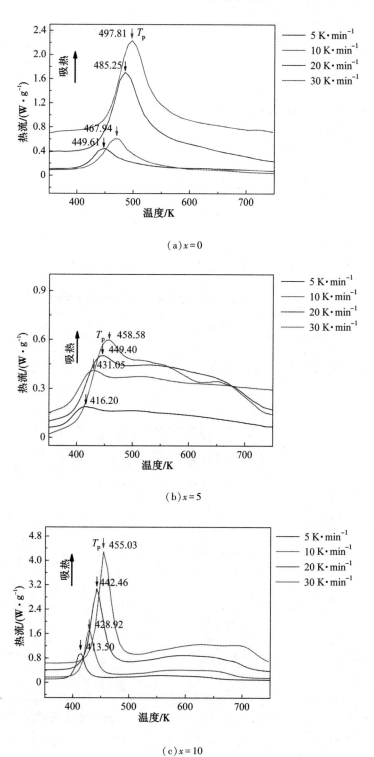

（a）x = 0

（b）x = 5

（c）x = 10

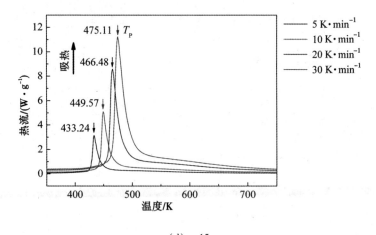

(d) $x = 15$

图 3.20 $V_{48}Fe_{12}Ti_{15+r}Cr_{25-r}$ 合金的放氢 DSC 曲线

表 3.8   不同加热速率下的放氢温度和相应的活化能

样品	升温速率/(K·min^{-1})	放氢温度范围/K	峰值温度/K	放氢表观活化能/(kJ·mol^{-1})
$x=0$	5	393.30~563.10	449.61	
	10	399.15~566.10	467.94	
	20	402.10~580.70	485.25	62.01
	30	416.10~613.30	497.81	
$x=5$	5	373.40~449.20	416.20	
	10	375.70~464.90	431.05	
	20	382.70~484.85	449.40	58.53
	30	387.30~501.72	458.58	
$x=10$	5	378.70~451.60	413.50	
	10	388.00~479.40	428.92	
	20	392.70~495.90	442.46	61.69
	30	410.30~507.10	455.03	
$x=15$	5	421.90~467.00	433.24	
	10	432.30~493.00	449.57	
	20	444.10~513.50	466.48	65.22
	30	458.10~532.80	475.11	

　　为了研究吸热峰对应的反应过程，将 $x=15$ 时的合金作为峰形尖锐的代表合金与 $x=5$ 时的合金一起，对合金吸氢前后的物相进行分析，如图 3.21 所示。

图 3.21（a）和（c）是合金在室温条件下吸氢饱和后的 XRD 图谱，图 3.21（b）和（d）是吸氢饱和后的样品以 30 K/min 的升温速度加热到吸热峰结束温度后的 XRD 图谱。物相分析表明，$x=15$ 时合金吸氢饱和后的氢化物是面心立方结构的 VH_2 主相及少量体心四方结构的 V_2H 相，而 DSC 加热放氢后是正交结构的 $V_4H_{2.88}$ 相。所以，$x=15$ 时合金的 DSC 曲线的吸热峰代表的反应是 $VH_2 \rightarrow V_4H_{2.88}+H_2$ 和 $V_2H \rightarrow V+H_2$，而不是一般认为的 VH_2 分解为体心四方（BCT）结构的 V_2H。而 $x=5$ 时合金吸氢饱和后的氢化物是正交结构的 $V_4H_{2.88}$ 主相和少量体心四方结构的 V_2H 相，DSC 加热放氢后是正交结构的 $V_4H_{2.88}$ 相，所以 $x=5$ 时合金的 DSC 曲线的吸热峰代表的反应是 $V_2H \rightarrow V+H_2$。需要特别指出的是，$x=5$ 时合金吸氢饱和后是 $V_4H_{2.88}$ 相而不是 VH_2 相，而 $x=15$ 时合金吸氢饱和后是 VH_2 相，这说明 $x=5$ 时合金中存在 $V_4H_{2.88}$ 相与吸氢饱和后的样品从 Sievert's 型 PCT 设备中转移到 XRD 衍射仪过程中样品中氢的部分脱附有关。这说明 $x=5$ 时合金中吸的氢容易从合金中脱附出去。为了进一步分析原因，需要对合金放氢活化能进行计算。

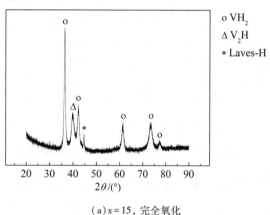

o VH_2
Δ V_2H
* Laves-H

（a）$x=15$，完全氧化

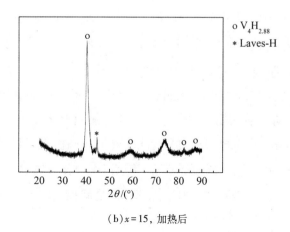

o $V_4H_{2.88}$
* Laves-H

（b）$x=15$，加热后

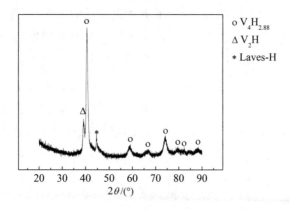

（c）$x=5$，完全氧化

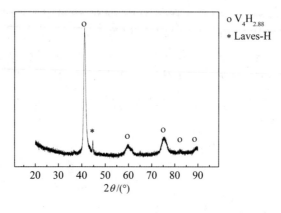

（d）$x=5$，加热后

图 3.21　$V_{48}Fe_{12}Ti_{15+x}Cr_{25-x}$ 合金饱和吸氢和放氢至 530 K 的 XRD 图谱

DSC 信号的峰值温度作为加热速率的函数常常用于测定放氢表观活化能（E_A^{des}），一般用 Kissinger 方程[23]计算，根据 DSC 结果和式（1.10）可以得到 Kissinger 曲线，发现 Kissinger 曲线几乎是线性的，如图 3.22 所示。拟合直线的校正决定系数 R^2 的值都大于 0.99。高拟合度说明实验值很精确，放氢表观活化能由直线的斜率计算得到。四种合金放氢表观活化能列入表 3.8 中。从计算结果可以看出，$x=5$ 时合金的放氢表观活化能最小，说明 $x=5$ 时合金放氢时需要克服的能量最低，放氢动力学性能最好。这一结果与前面放氢动力学的研究结果一致。由此可以看出，合金放氢动力学性能随着 Ti/Cr 比例的增加先增加后降低，这与 Ti，Cr 原子的电子结构有关。李荣[103]用 DV-Xα 方法对 V 吸放 H_2 电子结构变化进行研究，结果表明，在 VH_2 中，V—H 之间相互作用是由 V 的 d 轨道和

s 轨道电子和 H 的 s 轨道电子之间成键，主要是共价作用。而加入 Cr 后，V—H 之间的相互作用是 V 的 s 轨道电子和 H 的 s 轨道电子之间的相互作用。这说明并不是合金元素中所有的价电子对 V—H 成键都有贡献，有的元素的 d 轨道电子有贡献，有的元素 s 轨道的电子有贡献。合金中各种元素不同轨道价电子之和（V：$3d^34s^2$，Ti：$3d^24s^2$，Cr：$3d^54s^1$，Fe：$3d^64s^2$）存在一个比值，可表示为

$$R_{d/s} = \frac{\sum\limits_{i=1}^{4} d_i x_i}{\sum\limits_{i=1}^{4} s_i x_i} \tag{3.12}$$

式（3.12）中，d_i 和 s_i 分别代表各组元 d 轨道和 s 轨道的价电子数；x_i 表示各组元的原子数分数。图 3.23 是放氢表观活化能 E_A^{des} 与合金中不同轨道价电子数之比 $R_{d/s}$ 的关系曲线。从图中可以看出，随着 Ti/Cr 比例的升高，d 轨道的价电子数之和逐渐减小，而 s 轨道的价电子数之和逐渐增大。当 $x=5$ 时 $V_{48}Fe_{12}Ti_{15+x}Cr_{25-x}$（$x=0,5,10,15$）合金存在一个 $R_{d/s}$ 的临界值 1.98，此时放氢表观活化能最低，为 58.53 kJ·mol^{-1}，放氢动力学性能最佳。这就是 $x=5$ 合金吸氢完全饱和后在空气中氢容易脱附的原因。当 $R_{d/s}$ 大于或者小于临界值时，放氢动力学性能都会降低。

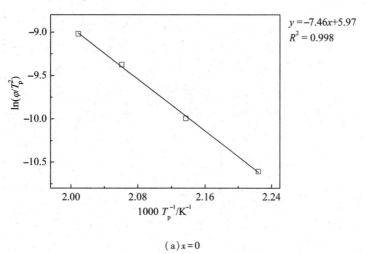

$$y = -7.46x + 5.97$$
$$R^2 = 0.998$$

（a）$x=0$

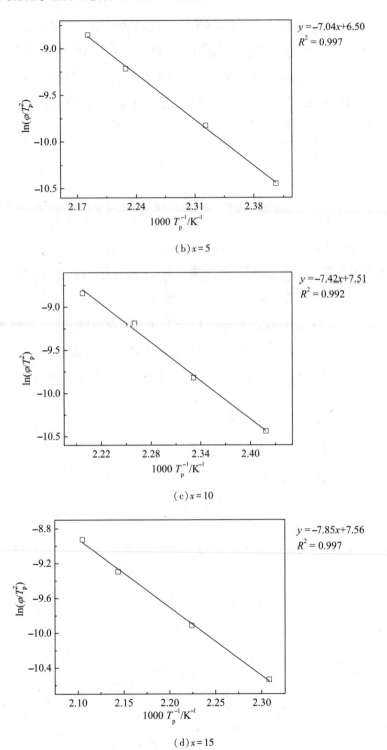

$y = -7.04x + 6.50$
$R^2 = 0.997$

（b）$x = 5$

$y = -7.42x + 7.51$
$R^2 = 0.992$

（c）$x = 10$

$y = -7.85x + 7.56$
$R^2 = 0.997$

（d）$x = 15$

图 3.22　$V_{48}Fe_{12}Ti_{15+x}Cr_{25-x}(x = 0, 5, 10, 15)$ 合金放氢 DSC 对应的 Kissinger 曲线

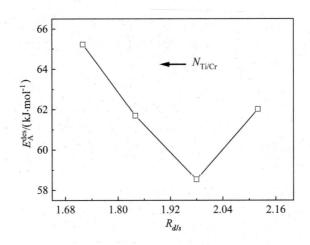

图 3. 23 不同轨道价电子数和之比与放氢活化能的关系曲线

3.7 本章小结

本章固定合金中 V 与 Fe 比例为 4 : 1，通过调整 Ti 与 Cr 的含量，研究 V₄₈Fe₁₂Ti₁₅₊ₓCr₂₅₋ₓ(x=0，5，10，15)合金的微观组织结构及吸放氢性能。得出以下结论。

(1)合金均由 BCC 主相和少量的 Laves 相及富 Ti 相组成。BCC 相晶格常数随着 Ti 含量增加逐渐增大。合金吸氢容量随着 Ti 含量增加逐渐增大。

(2)对吸放氢动力学机制进行研究，结果表明，在吸氢过程中，合金的吸氢机制有两个阶段，第一阶段是形核长大机制，第二阶段是三维扩散机制。在放氢过程中，第一阶段反应机制是几何收缩模型，第二阶段是三维扩散机制。三维扩散机制是吸放氢过程的速率控制步骤。

(3)随着 Ti/Cr 的物质的量比增加，氢原子在合金 BCC 相中的扩散系数增大。吸氢过程中氢原子扩散系数以三相指数衰减函数形式随反应时间变化。氢原子在合金中的扩散系数比在氢化物中大两个数量级。

(4)合金放氢平台压随着 Ti/Cr 的物质的量比的增加成指数关系递减，这种关系在 V-Ti-Cr 和 V-Ti-Cr-Fe 系列合金中具有普适性。

(5)随着 Ti/Cr 的物质的量比增加，合金放氢焓逐渐增大，合金形成的氢化物更加稳定。

(6)不同轨道价电子数之比 $R_{d/s}$ 对合金放氢动力学有较大影响，存在一个临界 $R_{d/s}$ 值1.98，当 $R_{d/s}$ 大于或小于临界值时，放氢动力学性能均降低。

第 4 章　热处理对 $V_{48}Fe_{12}Ti_{15}Cr_{25}$ 合金组织及储氢性能的影响

为了降低 V–Ti–Cr 合金的成本，研究人员用 Fe 替代 V 形成（VFe）TiCr 系列合金。然而，这些合金还存在一些缺点，如活化困难、放氢容量低[104-107]。影响合金性能的因素是多方面的，如合金在熔炼后缓慢冷却时发生的成分偏析就会影响储氢性能。研究人员试图通过不同的方法来克服上述缺点，提高合金的整体性能。用热处理使合金均匀化，被认为是改善合金性能的一种有效途径[62-63]。Liu 等[66]将 $Ti_{32}Cr_{46}V_{22}$ 合金在 1673 K 下退火 5 min 后，合金吸放氢平台更加平坦。Okada 等[58]研究 $V_{35}Ti_{25}Cr_{40}$ 合金在 1573 K 下退火 1 min 后，在 313 K 时的放氢量，结果表明，退火后合金放氢容量变大。Cho 等[65]报道了 $Ti_{32}Cr_{43}V_{25}$ 合金经 1653 K 退火 1 min 后，303 K 时放氢量达到 2.3%（质量分数）。然而，相对低温和长时间热处理对合金微观结构和储氢性能的影响鲜有报道。因此，应进一步研究退火对 V–Ti 基固溶体合金组织和储氢性能的影响，优化热处理工艺，提高储氢综合性能。

在第 3 章中，合金 $V_{48}Fe_{12}Ti_{15}Cr_{25}$ 吸氢量只有 1.98%（质量分数），但其放氢效率可达 88.4%，然而其动力学是四种合金中最差的。为了进一步提高这一合金的整体储氢性能，本章主要研究 1273 K 下退火 10 h 对 $V_{48}Fe_{12}Ti_{15}Cr_{25}$ 合金组织、热力学和动力学性能的影响。

4.1　合金的微观结构

图 4.1 显示了铸态和退火态 $V_{48}Fe_{12}Ti_{15}Cr_{25}$ 合金的 X 射线衍射图谱。两种合金都由 BCC 主相、Laves 相和富 Ti 相组成。合金退火后，BCC 相和 Laves 相衍射峰的相对强度没有明显改变，而富 Ti 相衍射峰的相对强度略有降低。退

火态合金的 BCC 主相衍射峰与铸态合金的 BCC 主相衍射峰相比向左侧偏移约 0.1°。使用 MAUD 软件对 XRD 图谱进行 Rietveld 精修分析，表 4.1 列出了合金的晶格常数和各相丰度。退火后，BCC 相和富 Ti 相的丰度(质量分数)分别从 88.88% 和 8.25% 降到 86.57% 和 5.56%，而 Laves 相的丰度(质量分数)从 2.87% 提高到 7.97%，这是由于在长时间的热处理过程中各元素在不同相之间的扩散[108-110]。表 4.1 还表明，铸态和退火态 $V_{48}Fe_{12}Ti_{15}Cr_{25}$ 合金 BCC 相的晶格常数分别为 0.2967 nm 和 0.2970 nm，退火后 BCC 主相的晶格常数略有增加，这是图 4.1 中退火合金 BCC 相衍射峰向左侧轻微偏移的原因。铸态和退火态 $V_{48}Fe_{12}Ti_{15}Cr_{25}$ 合金 BCC 相的晶格常数比 V(0.3028 nm)和其他同系列合金的 BCC 相晶格常数小[60]。Fe 原子半径(126 pm)和 Cr 原子半径(128 pm)比 V 原子半径(134 pm)要小，并且 Fe 和 Cr 在 $V_{48}Fe_{12}Ti_{15}Cr_{25}$ 合金中加起来的原子分数约为 40%，这导致晶格收缩，晶格常数变小。

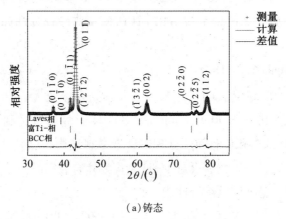

(a)铸态

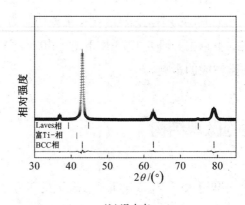

(b)退火态

图 4.1 铸态和退火态 $V_{48}Fe_{12}Ti_{15}Cr_{25}$ 合金的 XRD 图谱

表 4.1 $V_{48}Fe_{12}Ti_{15}Cr_{25}$ 合金 XRD 图谱的 Rietveld 精修数据

样品	相	空间群	晶格常数		丰度(质量分数)/%
			a/nm	c/nm	
铸态	BCC	Im-3m(229)	0.2967	—	88.88
	富钛(α-Ti)	P63-mcc(194)	0.2796	0.4869	8.25
	Laves	P63-mcc(194)	0.4773	0.7925	2.87
退火态	BCC	Im-3m(229)	0.2970	—	86.57
	富钛(α-Ti)	P63-mcc(194)	0.2787	0.4861	5.56
	Laves	P63-mcc(194)	0.4731	0.8306	7.97

图 4.2 是铸态和退火态 $V_{48}Fe_{12}Ti_{15}Cr_{25}$ 合金的 BSE 图像。从图 4.2 中可以明显看到铸态和退火态合金中均有三种颜色衬度不同的区域，这表明铸态和退火态合金均由三种相组成。图 4.3 是 BSE 图像中不同区域的元素能谱曲线。表 4.2 列出了各相中组成元素含量的 EDS 数据。使用 EDS 进行合金中元素的面分布研究(elemental mapping)，进一步分析合金中元素均匀性，结果如图 4.4 所示。分析结果表明，铸态和退火态 $V_{48}Fe_{12}Ti_{15}Cr_{25}$ 合金的 BSE 图像中的 A，B，C 区域分别对应 BCC 相、富 Ti 相和 Laves 相，这与 XRD 的结果一致。这一结果进一步说明，铸态合金在 1273 K 退火 10 h 后，合金的相组成没有改变。从 EDS 数据还可以看出，退火引起了合金不同相中元素组成的轻微变化。退火后，主相中原子半径较大的 Ti 原子相对含量略有增加，这是主相 BCC 晶格常数增加的原因。

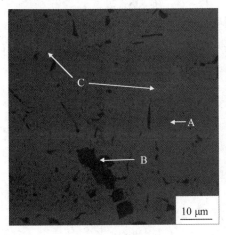

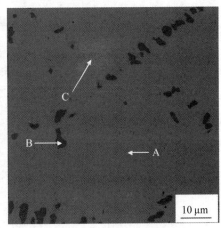

(a)铸态   (b)退火态

图 4.2   铸态和退火态 $V_{48}Fe_{12}Ti_{15}Cr_{25}$ 合金的背散射电子像

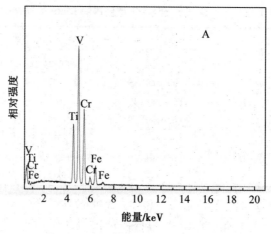

（a）铸态

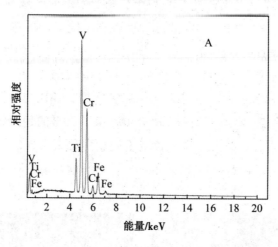

（b）退火态

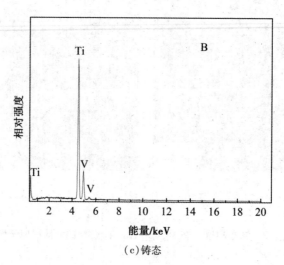

（c）铸态

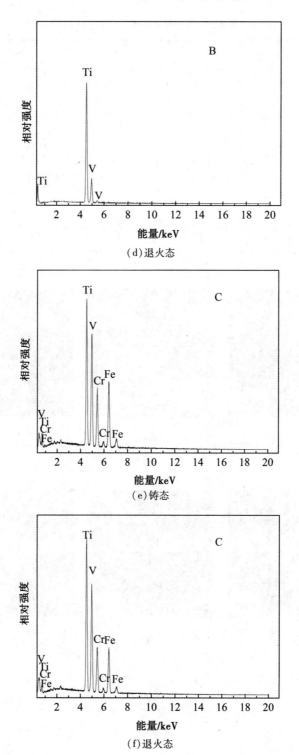

图 4.3 铸态和退火态 $V_{48}Fe_{12}Ti_{15}Cr_{25}$ 合金背散射电子像中不同区域 EDS 图谱

表 4.2 各相元素含量的 EDS 结果

样品	区域	V	Ti	Cr	Fe
铸态	A	52.74	8.32	26.99	11.95
	B	5.05	94.95	—	—
	C	23.19	35.63	12.96	28.23
退火态	A	51.55	10.20	25.07	13.18
	B	2.77	97.23	—	—
	C	23.43	42.87	12.06	21.64

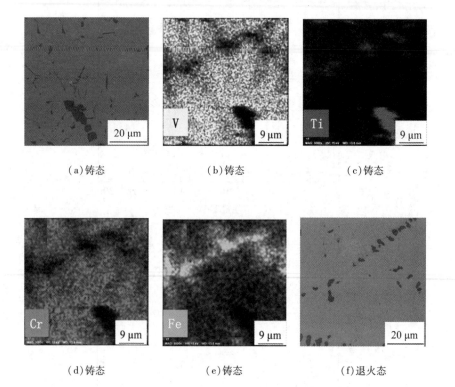

(a)铸态 (b)铸态 (c)铸态

(d)铸态 (e)铸态 (f)退火态

（g）退火态　　　　　（h）退火态　　　　　（i）退火态

（j）退火态

图 4.4　铸态和退火态 $V_{48}Fe_{12}Ti_{15}Cr_{25}$ 合金的元素面分布图

4.2 吸氢动力学

图 4.5 是铸态和退火态 $V_{48}Fe_{12}Ti_{15}Cr_{25}$ 合金在 295 K 下，初始氢压力 5 MPa 下的吸氢活化曲线。可以看出，合金均在 3 次吸氢后完全活化，这说明合金退火后没有明显改变合金的活化性能，活化性能均良好。铸态 $V_{48}Fe_{12}Ti_{15}Cr_{25}$ 合金首次吸氢孕育时间大约为 1000 s，而退火合金首次吸氢孕育时间大约只需要 50 s，这主要是因为退火引起合金相丰度变化，4.1 节分析结果指出，合金退火后 Laves 相的丰度（质量分数）从 2.87% 提高到 7.97%，而 Laves 相具有很高的活性[60]。

图 4.6 是铸态和退火态 $V_{48}Fe_{12}Ti_{15}Cr_{25}$ 合金完全活化后在 295，315 和 335 K，初始氢气压力为 5 MPa 条件下的吸氢动力学曲线。可以明显看出，两种合金的吸氢容量和动力学性能都随着工作温度的上升而下降。退火处理后的合金，完全吸氢所需反应时间明显减少。例如在 295 K 下，铸态合金吸氢 3.6×10^3 s 后才

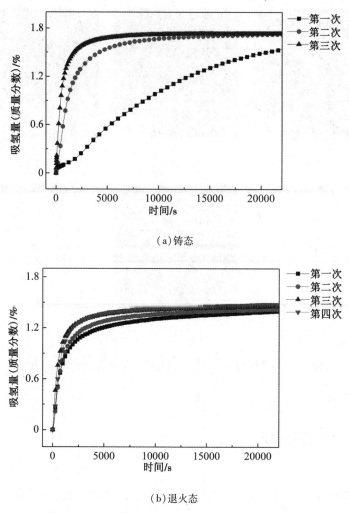

（a）铸态

（b）退火态

图 4.5　铸态和退火态 $V_{48}Fe_{12}Ti_{15}Cr_{25}$ 合金活化曲线

能达到饱和吸氢量的90%，而退火合金达到饱和吸氢量的90%大约需要 $3.1×10^3$ s，这意味着退火处理提高了合金的吸氢动力学性能。这主要是由退火后合金吸氢主相的晶格常数变大引起的，在 3.2 节中曾指出，BCC 相晶格常数越大，氢扩散系数越高，合金的动力学性能就越好。此外，退火后 $V_{48}Fe_{12}Ti_{15}Cr_{25}$ 合金的吸氢量略低于铸态合金的吸氢量，这是由于吸氢主相的丰度是影响合金储氢容量的主要因素[64, 108-109]，$V_{48}Fe_{12}Ti_{15}Cr_{25}$ 合金中吸氢主相是 BCC 相，合金退火后，丰度（质量分数）从 88.88%降低到 86.57%，因此合金吸氢量略有下降。

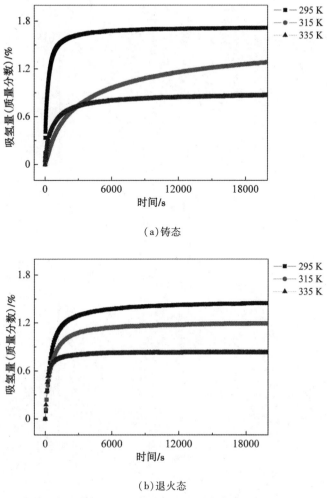

（a）铸态

（b）退火态

图 4.6　铸态和退火态 V₄₈Fe₁₂Ti₁₅Cr₂₅合金吸氢动力学

为了进一步研究退火处理对合金吸氢动力学机制的影响，著者采用分析速率表达式对等温吸氢反应分数 $\alpha(t)$ 随时间的变化曲线进行拟合，从而确定内在的反应机制与速率限制步骤。图 4.7 是前 5×10^3 s 内铸态和退火态合金在不同工作温度下的等温吸氢反应分数随时间的变化曲线。可见，铸态合金 V₄₈Fe₁₂Ti₁₅Cr₂₅在热处理后，同一反应时间对应的吸氢反应分数 α 变大，例如，在 295 K，吸氢时间为第 300 s 时，铸态和退火态合金 α 值分别为 0.35，0.38。

反应分数 α 满足式（3.2）和式（3.3），对反应分数 α 随时间的变化曲线用 42 种反应模型进行拟合[86-87]，相关系数 R^2 最大时得到相应的吸氢过程动力学模型。对不同温度下吸氢反应分数随时间变化的曲线进行拟合后发现，吸氢反

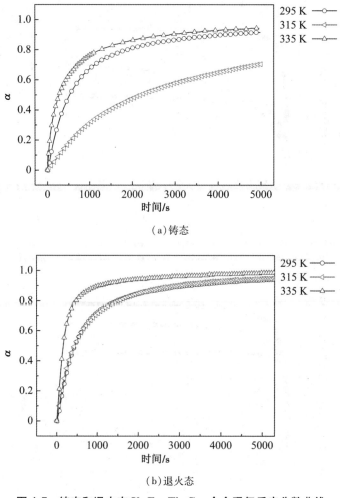

（a）铸态

（b）退火态

图 4.7 铸态和退火态 $V_{48}Fe_{12}Ti_{15}Cr_{25}$ 合金吸氢反应分数曲线

应过程分别由第一阶段的形核长大机制 $(-\ln(1-\alpha))^n = kt$（$n = 2/3$，$3/4$，1，$3/2$）和第二阶段的三维扩散 G-B 模型机制 $(1-2\alpha/3)-(1-\alpha)^{2/3} = kt$ 组成。退火处理对合金吸氢动力学机制没有改变，这是由于合金相组成相同。图 4.8 是合金吸氢反应过程动力学机制模型拟合曲线。表 4.3 列出了吸氢反应速率常数等参数。由于两种合金第一阶段的拟合公式不同，所以 k_1 无法比较。通过对比第二阶段的反应速率常数 k_2 后发现，退火合金的 k_2 比铸态合金的要大。反应速率与氢扩散系数有直接关系，反应速率大说明氢扩散系数大，所以氢原子在退火合金中的扩散系数更大。这是因为退火合金主相晶格参数比铸态合金主相晶格参数大。

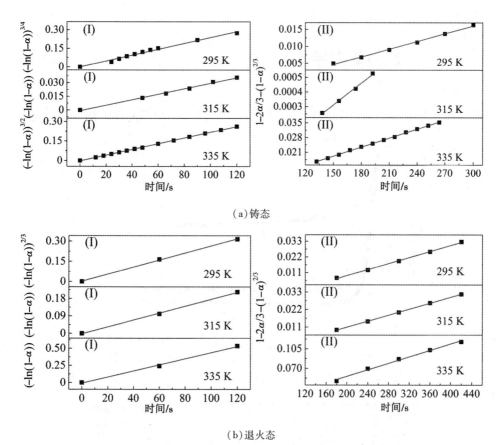

（a）铸态

（b）退火态

图 4.8 铸态和退火态 V$_{48}$Fe$_{12}$Ti$_{15}$Cr$_{25}$合金吸氢反应动力学机制模型

表 4.3 合金吸氢不同阶段的反应速率常数

样品	温度/K	第一阶段			第二阶段		
		k_1/s^{-1}	R^2	t/s	k_2/s^{-1}	R^2	t/s
铸态	295	0.00238	0.990	120	7.61×10^{-5}	0.996	300
	315	0.00030	0.995	120	4.97×10^{-6}	0.994	192
	335	0.00227	0.998	120	1.42×10^{-4}	0.999	264
退火态	295	0.00262	0.998	120	1.05×10^{-4}	0.997	420
	315	0.00178	0.998	120	9.37×10^{-5}	0.999	420
	335	0.00445	0.994	120	2.90×10^{-4}	0.991	420

4.3 放氢动力学

图 4.9 是铸态和退火态 $V_{48}Fe_{12}Ti_{15}Cr_{25}$ 合金完全活化后的放氢动力学曲线。

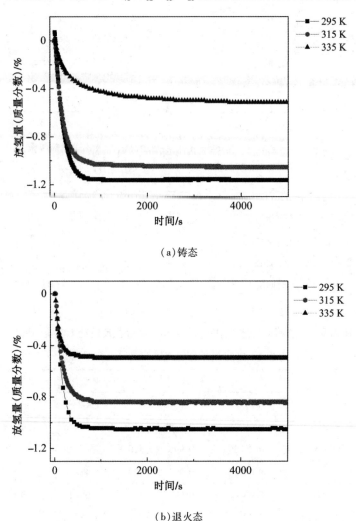

（a）铸态

（b）退火态

图 4.9 铸态和退火态 $V_{48}Fe_{12}Ti_{15}Cr_{25}$ 合金放氢动力学曲线

从图 4.9 中可以看出，退火合金放氢容量比铸态合金的略有降低。分析认为，首先，由于合金退火后，主相 BCC 的晶格常数增加，导致合金放氢平台压力降低，放氢容量减少；其次，退火合金的吸氢量比铸态合金吸氢量少。需要说明的是，放氢动力学测试得到的容量并不是完全放氢的容量。在放氢过程中，系统储氢瓶内氢气压力随着放氢反应的进行逐渐增大，压力增大会导致吸氢反应的发生，部分氢又会固溶到合金中，形成氢化物，最后达到吸放动态平衡，储气瓶内氢压达到稳定。在 295 K 下，铸态合金和退火合金放氢达到饱和量的 90% 所需时间大约分别为 400 s 和 350 s。

图 4.10 是前 1000 s 内两种合金在不同工作温度下放氢反应分数随时间的变化规律。可以看出，退火合金的放氢反应分数 α 随时间变化较快。例如，在 295 K 下，放氢时间为第 300 s 时，退火合金与铸态合金的 α 分别为 0.87 和 0.80。

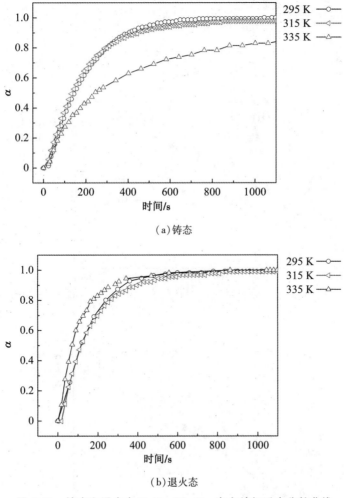

（a）铸态

（b）退火态

图 4.10　铸态和退火态 $V_{48}Fe_{12}Ti_{15}Cr_{25}$ 合金放氢反应分数曲线

对不同温度下放氢反应分数随时间变化的曲线进行拟合，发现合金退火处理后，反应过程仍然由第 I 阶段几何收缩模型机制 $1-(1-\alpha)^{1/3}=kt$ 和第 II 阶段三维扩散 G-B 模型机制 $(1-2\alpha/3)-(1-\alpha)^{2/3}=kt$ 组成。图 4.11 是合金放氢反应过程中动力学机制模型随时间的拟合曲线。

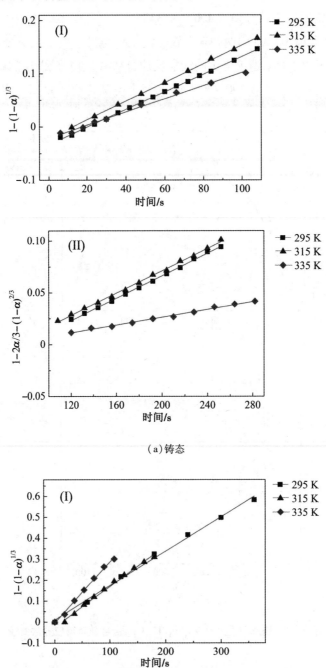

（a）铸态

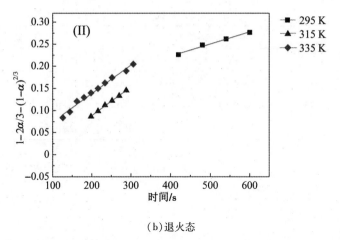

（b）退火态

图 4. 11 铸态和退火态 $V_{48}Fe_{12}Ti_{15}Cr_{25}$ 合金放氢反应动力学机制模型

合金放氢不同阶段的反应速率常数（k_1, k_2）列于表 4.4 中。从表 4.4 中可以看出，在所有放氢温度下，退火合金放氢反应第一阶段几何收缩模型反应速率常数 k_1 及反应时间 t 均大于铸态合金。例如，在 315 K 放氢温度下，退火态和铸态合金的第一阶段反应速率常数分别为 0.00193 s^{-1} 和 0.00175 s^{-1}，反应时间分别为 180 s 和 108 s。而几何收缩模型反应机制是快速反应阶段，反映了氢化物的分解，所以退火合金的氢化物分解放氢反应要更快。第一阶段反应完成后，即进入第二阶段反应。第二阶段反应符合三维扩散机制 G-B 模型。此时的反应主要是氢原子从固溶体 α 相中扩散出去，再穿过金属表面扩散，扩散速率控制整个放氢速率。分析认为，退火合金整个放氢反应过程中反应速度的提高与合金相变化有关，文献[100]研究结果表明，C14 Laves 相的增加有利于合金放氢。在 $V_{48}Fe_{12}Ti_{15}Cr_{25}$ 合金中 C14 Laves 相从铸态的质量分数 2.87% 提高到了退火后的 7.97%，所以放氢反应速率的提高与 C14 Laves 相明显增加有关。

表 4.4 合金放氢不同阶段的反应速率常数

样品	温度/K	第一阶段			第二阶段		
		k_1/s^{-1}	R^2	t/s	k_2/s^{-1}	R^2	t/s
铸态	295	0.00165	0.999	108	5.42×10^{-4}	0.998	252
	315	0.00175	0.999	108	5.38×10^{-4}	0.998	252
	335	0.00124	0.994	102	1.88×10^{-4}	0.992	282

表4.4(续)

样品	温度/K	第一阶段			第二阶段		
		k_1/s^{-1}	R^2	t/s	k_2/s^{-1}	R^2	t/s
	295	0.00164	0.995	360	2.37×10^{-4}	0.999	600
退火态	315	0.00193	0.996	180	6.46×10^{-4}	0.998	288
	335	0.00290	0.996	108	6.42×10^{-4}	0.984	306

4.4 吸放氢热力学

图 4.12 是铸态和退火态 $V_{48}Fe_{12}Ti_{15}Cr_{25}$ 合金的吸放氢 PCI 曲线。吸放氢过程的 PCI 参数列于表 4.5 中。对应于铸态和退火态合金最大储氢容量的温度分别为 315 K 和 295 K，因此，退火后的合金更适合在室温下吸氢，此外，退火后合金的最大吸氢量 C_{abs} 为 1.83%(质量分数)，比铸态 $V_{48}Fe_{12}Ti_{15}Cr_{25}$ 合金降低了 0.15%，4.2 节分析结果表明，主要是由热处理降低了吸氢主相含量所致。在 295 K 下，铸态和退火态 $V_{48}Fe_{12}Ti_{15}Cr_{25}$ 合金在放氢至 10 kPa 氢压时的放氢率分别为 88.4% 和 81.9%，放氢率降低的原因是合金热处理后主相晶格常数从 0.2967 nm 增大到 0.2970 nm，晶格常数增大导致合金放氢平台压力减小，吸放氢平台滞后 H_f 变大，有效放氢量降低，所以放氢率降低。

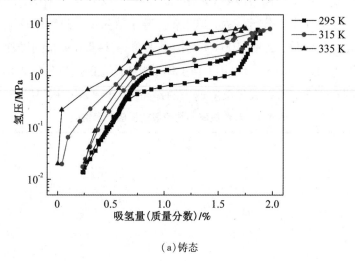

(a)铸态

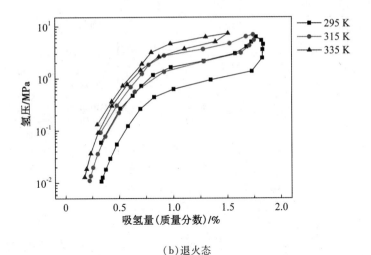

（b）退火态

图 4. 12 铸态和退火态 $V_{48}Fe_{12}Ti_{15}Cr_{25}$ 合金吸放氢 PCI 曲线

表 4. 5 $V_{48}Fe_{12}Ti_{15}Cr_{25}$ 合金的储氢性能

样品	温度/K	吸氢			放氢			滞后
		吸氢量（质量分数）/%	平衡压/MPa	倾斜因子	吸氢量（质量分数）/%	平衡压/MPa	倾斜因子	
	295	1. 89	1. 51	1. 22	1. 66	0. 79	0. 80	0. 65
铸态	315	1. 98	3. 22	2. 41	1. 75	2. 28	2. 44	0. 35
	335	1. 75	6. 61	4. 39	1. 51	4. 41	4. 50	0. 40
	295	1. 83	1. 40	3. 13	1. 50	0. 62	1. 08	0. 83
退火态	315	1. 75	2. 70	4. 57	1. 53	1. 32	2. 61	0. 72
	335	1. 50	5. 00	5. 87	1. 33	3. 13	5. 00	0. 37

不同温度下的吸放氢平台压力 P_{eq} 可用于计算吸放氢过程中熵和焓的变化。根据表 4.5 的 PCI 数据，铸态和退火态 $V_{48}Fe_{12}Ti_{15}Cr_{25}$ 合金的范特霍夫曲线如图 4.13 所示。从图中可以明显看出，$\ln(P_{eq}/P_0) - 1000/T$ 具有良好的线性关系。计算得到铸态和退火态合金放氢焓分别为（30.12±0.14）kJ/mol 和（33.42±0.90）kJ/mol，退火后合金放氢焓变大，氢化物更加稳定。

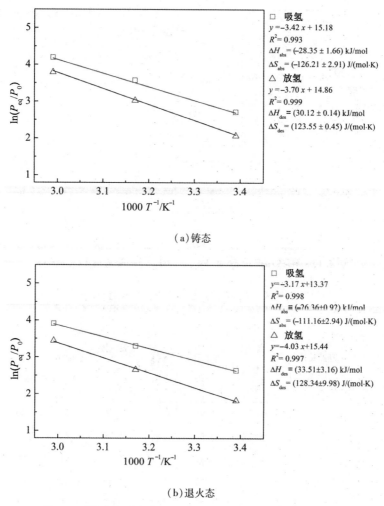

（a）铸态

（b）退火态

图 4.13　铸态和退火态 $V_{48}Fe_{12}Ti_{15}Cr_{25}$ 合金的范特霍夫曲线

🏔 4.5　放氢活化能

为了进一步研究热处理对实验合金在非等温条件下放氢性能的影响，对饱和吸氢后的合金进行 DSC 测试，如图 4.14 所示，其中 T_p 是吸热峰的峰值温度。从图 4.14 中可以看出，每一条 DSC 曲线只有一个吸热峰，说明两种合金氢化物放氢反应过程是相同的。表 4.6 列出了合金的放氢温度参数，可以看出，在每一加热速率下，退火合金各曲线的吸热峰相对于铸态合金相应吸热峰向较低温度移动。例如，当加热速率为 5 K/min 时，铸态和退火态合金的吸热峰峰值温度分别为 449.61 K 和 440.90 K，即退火态合金的吸热峰温度比铸态合金低 8.71 K，这意味着退火处理降低了合金放氢反应能垒[111]。

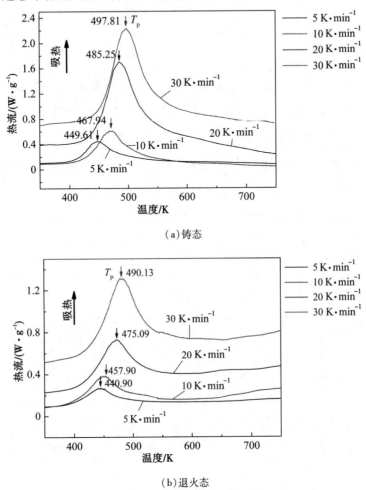

（a）铸态

（b）退火态

图 4.14　铸态和退火态 V₄₈Fe₁₂Ti₁₅Cr₂₅合金的放氢 DSC 曲线

表 4.6　DSC 测试下的放氢温度和放氢活化能

样品	升温速率/(K·min⁻¹)	放氢温度范围/K	峰值温度/K	放氢表观活化能/(kJ·mol⁻¹)
铸态	5	393.30~563.10	449.61	62.01
	10	399.15~566.10	467.94	
	20	402.10~580.70	485.25	
	30	416.10~613.30	497.81	

表4.6(续)

样品	升温速率/(K·min⁻¹)	放氢温度范围/K	峰值温度/K	放氢表观活化能/(kJ·mol⁻¹)
退火态	5	390.37~477.31	440.90	58.70
	10	394.50~494.87	457.90	
	20	401.08~552.63	475.09	
	30	407.93~578.28	490.13	

由第 3 章可知,DSC 曲线的峰值温度作为加热速率的函数用于测定放氢表观活化能(E_A^{des}),一般用 Kissinger 方程[23]计算,根据 DSC 结果和式(1.10)可以得到 Kissinger 曲线,如图 4.15 所示,Kissinger 曲线几乎是线性的。放氢表观活化能由直线的斜率计算得到。铸态合金和退火态合金的放氢表观活化能分别为 62.01 kJ/mol 和 58.70 kJ/mol。从计算结果可以看出,退火合金的放氢表观活化能减小,说明放氢动力学性能更好。这一结果与 4.3 节中等温条件下放氢动力学的研究结果一致。主要与退火处理后,合金相组成中 C14 Laves 相的丰度提高有关。

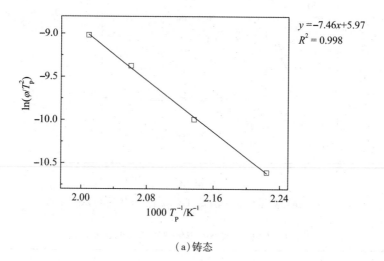

$y = -7.46x + 5.97$
$R^2 = 0.998$

(a)铸态

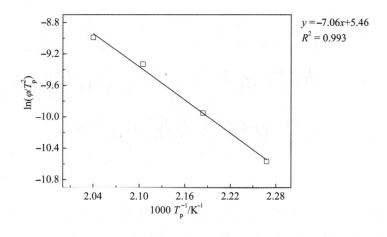

（b）退火态

图 4.15　合金放氢 DSC 对应的 Kissinger 曲线

4.6　本章小结

本章针对第 3 章中 $V_{48}Fe_{12}Ti_{15}Cr_{25}$ 合金动力学差的问题，研究了 1273 K 下退火 10 h 对合金组织、热力学和动力学性能的影响。得到以下结论。

（1）铸态和退火态合金均由 BCC 主相和少量的 Laves 相及富 Ti 相组成。退火后 BCC 相的晶格常数略有增加，退火促进了合金成分的均匀化。

（2）对吸放氢动力学机制进行研究，结果表明，退火对合金吸放氢反应机制控制方式没有影响。

（3）PCI 测试表明，热处理后合金吸放氢平台压力减小，最大吸氢容量 C_{abs} 降低，合金放氢熵变大，热处理使得合金形成的氢化物更加稳定。

（4）用 Kissinger 方法计算了铸态和退火态 $V_{48}Fe_{12}Ti_{15}Cr_{25}$ 合金的放氢表观活化能，结果表明，退火降低了放氢表观活化能，提高了放氢动力学。

第 5 章　Al 掺杂对 $V_{48}Fe_{12}Ti_{15}Cr_{25}$ 合金组织及储氢性能的影响

纯钒高成本已成为制约钒基储氢合金实用化的重要障碍之一。为解决这一问题，研究者采用工业钒铁合金或铝热法制备钒基储氢合金[31, 74, 76-77, 112]。然而，上述方法制备的合金中都含有 Al 杂质，经多种精炼工艺多次精炼，合金仍含有 Al 杂质[31, 112]。因此，研究含铝钒基合金的储氢性能具有重要意义。由于 Al 与 Ti 在原子半径、电负性等方面基本相近，故用 Al 替代 Ti 作为掺杂。在第 3 章中介绍了 $V_{48}Fe_{12}Ti_{15}Cr_{25}$ 合金具有最高的放氢效率，可达 88.4%。本章将详细研究掺杂原子数分数为 1% 的 Al 对 $V_{48}Fe_{12}Ti_{15}Cr_{25}$ 合金的组织结构和储氢性能的影响。

5.1　合金的微观结构

图 5.1 是 $V_{48}Fe_{12}Ti_{15-x}Cr_{25}Al_x(x=0,1)$ 合金的 XRD 图谱。结果表明，合金均由 BCC 相、富 Ti 相和 Laves 相组成，说明掺杂原子数分数为 1% 的 Al 元素没有改变合金的相组成。含 Al 合金的 BCC 主相的衍射峰位置基本与母合金 BCC 主相衍射峰位置一致。利用 MAUD 软件计算了合金中所有相的晶格常数和丰度，结果列于表 5.1 中。可以看出，母合金和掺杂 Al 合金的 BCC 主相晶格常数分别为 0.2967 nm 和 0.2965 nm，说明掺杂微量 Al 后基本没有改变合金的晶格常数。

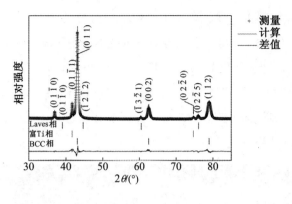

（a）$x=0$

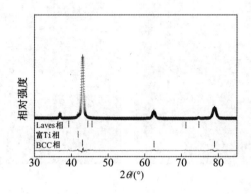

（b）$x=1$

图 5.1 $V_{48}Fe_{12}Ti_{15-x}Cr_{25}Al_x$ 合金的 XRD 图谱

表 5.1 $V_{48}Fe_{12}Ti_{15-x}Cr_{25}Al_x$ 合金 XRD 图谱的 Rietveld 精修数据

样品	相	空间群	晶格常数		丰度（质量分数）
			a/nm	c/nm	/%
	BCC	Im−3m（229）	0.2967	—	88.88
$x=0$	富 Ti（α-Ti）	P63−mcc（194）	0.2796	0.4869	8.25
	Laves	P63−mcc（194）	0.4773	0.7925	2.87
	BCC	Im−3m（229）	0.2965	—	91.19
$x=1$	富 Ti（α-Ti）	P63−mcc（194）	0.2818	0.4596	5.06
	Laves	P63−mcc（194）	0.4751	0.7802	3.75

　　图 5.2 显示了 $V_{48}Fe_{12}Ti_{15-x}Cr_{25}Al_x(x=0，1)$ 合金的 BSE 图像。掺杂 Al 合金与母合金一样，在 BSE 图像中有三种颜色衬度不同的区域，说明合金由三种相组成。为了进一步研究不同相的元素组成，用 EDS 能谱对 BSE 图像中 A，B 和 C 区域进行了元素分析，结果如图 5.3 所示。各相中组成元素比率的 EDS 结果列于表 5.2 中。EDS 分析表明，A，B 和 C 区域分别为 BCC 相、富 Ti 相和 Laves 相，与 XRD 检测结果一致。

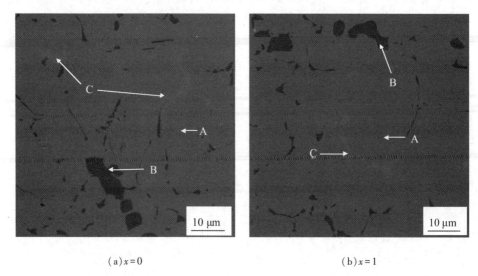

(a)$x=0$　　　　　　　　　　　　　　(b)$x=1$

图 5.2　$V_{48}Fe_{12}Ti_{15-x}Cr_{25}Al_x$ 合金的背散射电子像

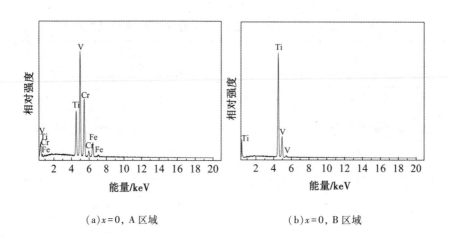

(a)$x=0$，A 区域　　　　　　　　　　　(b)$x=0$，B 区域

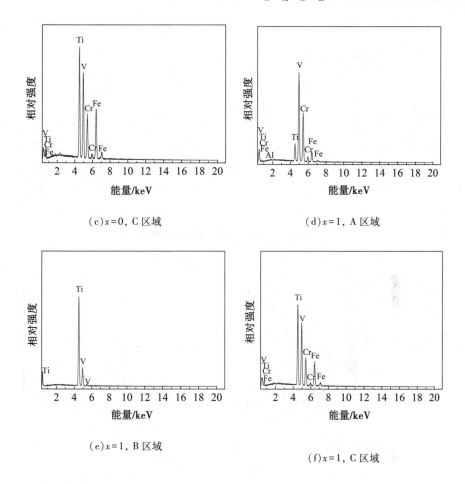

(c)x=0, C 区域   (d)x=1, A 区域

(e)x=1, B 区域

(f)x=1, C 区域

图 5.3 V₄₈Fe₁₂Ti₁₅₋ₓCr₂₅Alₓ合金背散射电子像中不同区域 EDS 图谱

表 5.2 各相元素含量的 EDS 结果(原子数分数)

样品	区域	V	Ti	Cr	Fe	Al
	A	52.74	8.32	26.99	11.95	—
x = 0	B	5.05	94.95	—	—	—
	C	23.19	35.63	12.96	28.23	—
	A	58.52	7.40	23.36	10.61	0.11
x = 1	B	5.45	94.55	—	—	—
	C	25.85	40.48	13.19	20.49	—

🗡 5.2 吸氢动力学

图 5.4 是 $V_{48}Fe_{12}Ti_{15-x}Cr_{25}Al_x (x=0, 1)$ 合金在 295 K，初始氢气压力 5 MPa 下的活化曲线。合金均能够在 3 次循环后完全活化，活化性能良好。图 5.5 是合金完全活化后在初始氢气压力为 5 MPa 条件下的吸氢动力学曲线。可以明显看出，含 Al 合金的吸氢动力学性能要好于母合金。例如，在 295 K 下，含 Al 合

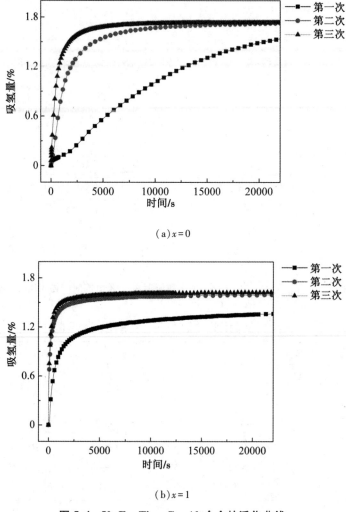

（a）$x=0$

（b）$x=1$

图 5.4　$V_{48}Fe_{12}Ti_{15-x}Cr_{25}Al_x$ 合金的活化曲线

金吸氢达到最大容量90%所用的时间是 $1.4×10^3$ s 左右，而母合金所需时间约为 $2.2×10^3$ s 左右。有关研究结果表明，向过渡金属中添加价电子少的金属可以在 H_2 的解离中起到有益的作用[113-114]。在本书中，在母合金中加入 Al，由于 Al 元素具有较少的价电子（$3s^23p^1$），可以起到促进氢气分子在合金表面离解的作用，所以掺杂 Al 对吸氢动力学性能有益。

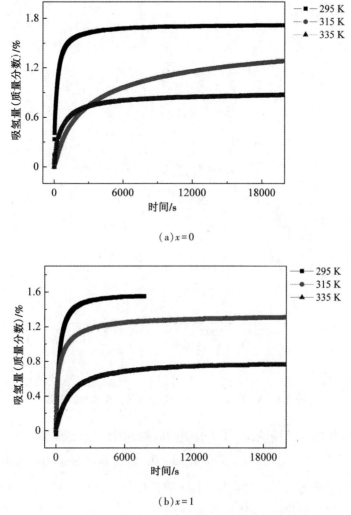

（a）$x=0$

（b）$x=1$

图 5.5　$V_{48}Fe_{12}Ti_{15-x}Cr_{25}Al_x$ 合金的吸氢动力学曲线

图 5.6 是不同工作温度下等温吸氢反应分数随时间的变化曲线。可以看出，含 Al 合金吸氢反应分数 α 变快。例如，在 295 K，吸氢时间为第 300 s 时，母合金与掺杂 Al 合金的 α 分别为 0.35，0.54。

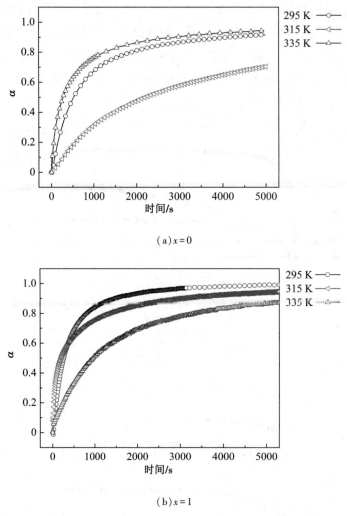

（a）$x=0$

（b）$x=1$

图 5.6　$V_{48}Fe_{12}Ti_{15-x}Cr_{25}Al_x$ 合金吸氢反应分数曲线

　　为研究掺杂 Al 对吸氢动力学机制的影响，对反应分数随时间变化曲线进行拟合。图 5.7 是 $V_{48}Fe_{12}Ti_{15-x}Cr_{25}Al_x$（$x=0$，1）合金吸氢动力学机制模型拟合曲线。吸氢过程均由第一阶段形核长大机制 $(-\ln(1-\alpha))^n=kt$（$n=3/4$，1，$3/2$，2）和第二阶段三维扩散 G—B 模型机制 $(1-2\alpha/3)-(1-\alpha)^{2/3}=kt$ 组成。掺杂 Al 对吸氢机制没有影响。表 5.3 列出了吸氢反应速率常数等参数。由于两种合金形核长大阶段的拟合公式不同，所以 k_1 无法比较。对比三维扩散机制的反应速率常数 k_2 后发现，掺杂 Al 合金的 k_2 比母合金的要大，说明掺杂 Al 提高了吸氢动力学性能。

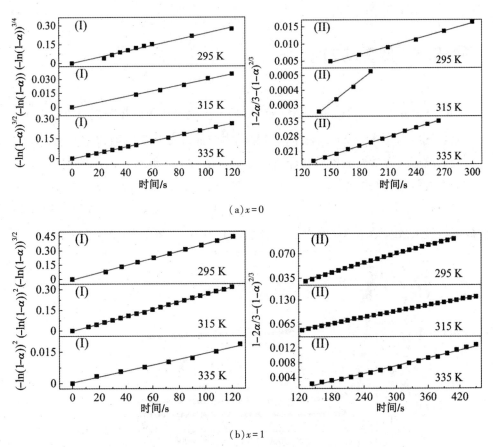

图 5.7 $V_{48}Fe_{12}Ti_{15-x}Cr_{25}Al_x$ 合金吸氢反应动力学机制模型

表 5.3 合金吸氢不同阶段的反应速率常数

样品	温度/K	第一阶段			第二阶段		
		k_1/s^{-1}	R^2	t/s	k_2/s^{-1}	R^2	t/s
	295	0.00238	0.990	120	$7.61×10^{-5}$	0.996	300
$x=0$	315	0.0003	0.995	120	$4.97×10^{-6}$	0.994	192
	335	0.00227	0.998	120	$1.42×10^{-4}$	0.999	264
	295	0.00375	0.998	120	$2.19×10^{-4}$	0.997	400
$x=1$	315	0.00266	0.999	120	$2.69×10^{-4}$	0.998	450
	335	$1.39×10^{-4}$	0.992	126	$3.46×10^{-4}$	0.990	450

🔷 5.3 放氢动力学

图 5.8 是 $V_{48}Fe_{12}Ti_{15-x}Cr_{25}Al_x(x=0，1)$ 合金完全活化后在 295，315，335 K，初始氢气压力为 0.1 kPa 条件下的放氢动力学曲线。与吸氢动力学不同，含铝合金的放氢动力学性能比母合金稍微变差。在 295 K 和 315 K 下，母合金放氢至最大放氢量 90%需要的时间分别为 360 s 和 400 s，而含铝合金放氢时间分别需要 400 s 和 450 s，相差不明显。当放氢温度为 335 K 时，母合金和含铝合金放氢至最大放氢量 90%需要的时间分别为 $1.5×10^3$ s 和 $2.0×10^3$ s 左右。

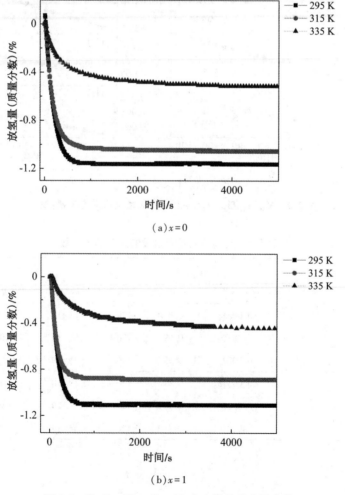

(a) $x=0$

(b) $x=1$

图 5.8　$V_{48}Fe_{12}Ti_{15-x}Cr_{25}Al_x$ 合金放氢动力学曲线

图 5.9 是不同温度下 $V_{48}Fe_{12}Ti_{15-x}Cr_{25}Al_x$（$x=0$，1）合金前 1000 s 内放氢反应分数随时间的变化曲线。对放氢反应分数随时间变化的曲线进行拟合，如图 5.10 所示，反应速率常数 k 由线性拟合曲线的斜率求得，拟合度都在 0.990 以上，拟合数据精确。研究结果表明，两种合金的放氢反应过程都由第一阶段几何收缩模型机制 $1-(1-\alpha)^{1/3}=kt$ 和第二阶段三维扩散 G-B 模型机制 $(1-2\alpha/3)-(1-\alpha)^{2/3}=kt$ 组成。掺杂微量 Al 元素，没有改变合金的放氢反应动力学机制，主要原因是掺杂微量 Al 元素，没有改变合金的相组成。

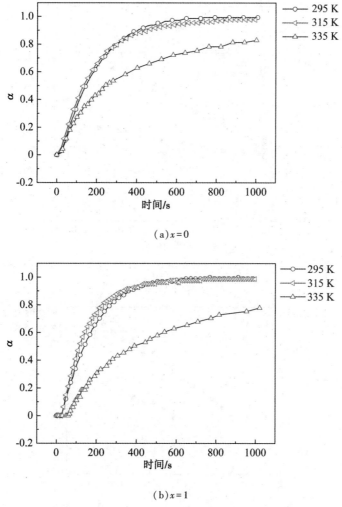

(a) $x=0$

(b) $x=1$

图 5.9　$V_{48}Fe_{12}Ti_{15-x}Cr_{25}Al_x$ 合金放氢反应分数曲线

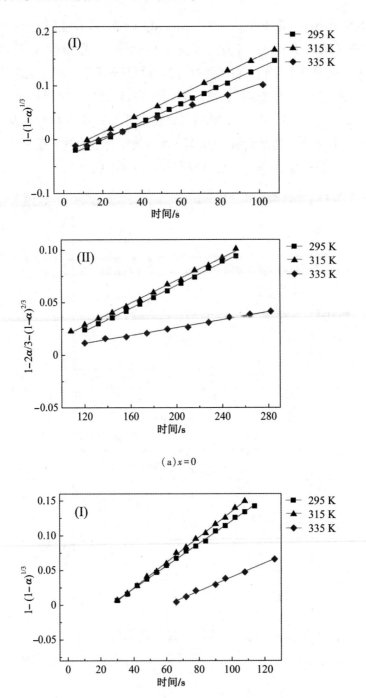

(a) $x=0$

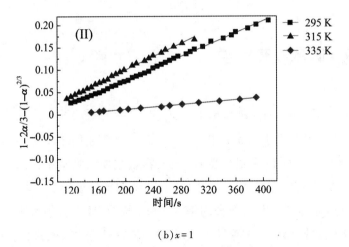

（b）x=1

图 5.10　$V_{48}Fe_{12}Ti_{15-x}Cr_{25}Al_x$ 合金放氢反应动力学机制模型

　　合金放氢不同阶段的反应速率常数（k_1，k_2）列于表 5.4 中。从表 5.4 中可以看出，含 Al 合金放氢反应第一阶段几何收缩模型反应速率常数 k_1 与母合金的反应速率常数 k_1 基本相等。例如，在 295 K 下，母合金和掺杂 Al 合金的 k_1 分别为 0.00165 s^{-1} 和 0.00162 s^{-1}，反应时间也没有明显改变。随着放氢时间的增加，动力学机制逐渐转变为第二阶段的三维扩散 G-B 模型，反应速率明显变慢，所以三维扩散是放氢动力学的限速步骤。

表 5.4　合金放氢不同阶段的反应速率常数

样品	温度/K	第一阶段			第二阶段		
		k_1/s^{-1}	R^2	t/s	k_2/s^{-1}	R^2	t/s
	295	0.00165	0.999	108	5.42×10⁻⁴	0.998	252
x=0	315	0.00175	0.999	108	5.38×10⁻⁴	0.998	252
	335	0.00124	0.994	102	1.88×10⁻⁴	0.992	282
	295	0.00162	0.995	114	6.64×10⁻⁴	0.999	408
x=1	315	0.00171	0.998	108	6.77×10⁻⁴	0.999	300
	335	0.00100	0.993	126	1.32×10⁻⁴	0.999	390

5.4 吸放氢热力学

图 5.11 是 $V_{48}Fe_{12}Ti_{15-x}Cr_{25}Al_x$($x$ = 0，1)合金的吸放氢 PCI 曲线。通过计算，吸放氢性能参数列于表 5.5 中。可以看出，母合金和含 Al 合金最大吸氢量分别为 1.98% 和 1.73%(质量分数)。吸氢容量主要由吸氢主相的丰度和晶格常数的大小决定，在 5.1 节中，经过 Rietveld 结构精修后得到，含 Al 合金的主相 BCC 丰度及晶格常数与母合金的基本一致，而含 Al 合金最大吸氢量比母合金小 0.25%(质量分数)，这说明 Al 元素对储氢容量有比较大的影响。很明显，掺杂 Al 使得合金储氢量变小，这是因为 Al 的存在减小了 V 基 BCC 固溶体合金中氢原子主要占据的四面体中心有效位置的尺寸，对吸氢过程中 γ 相(VH₂，FCC)的形成有抑制作用[38]。母合金和含 Al 合金的放氢效率基本一致，分别为 88.4% 和 87.9%。从表 5.5 中还可以看出，掺杂 Al 的合金吸放氢平台压 P_{eq} 略有提高，平台倾斜因子 S_f 变小，说明掺杂微量 Al 可以使吸放氢平台更加平坦。不同温度下吸放氢平台的滞后因子变化并不明显，这是合金放氢效率保持不变的主要原因。

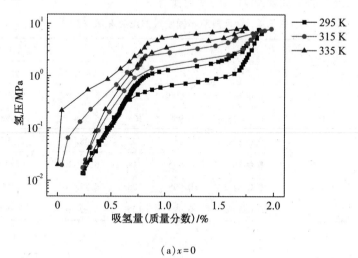

(a)x = 0

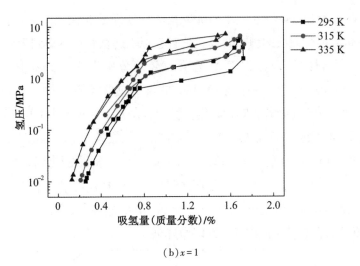

（b）x = 1

图 5.11 合金的吸放氢 PCI 曲线

表 5.5 V₄₈Fe₁₂Ti₁₅₋ₓCr₂₅Alₓ合金的储氢性能

样品	温度/K	吸氢			放氢			滞后
		容量（质量分数）/%	平衡压/MPa	倾斜因子	容量（质量分数）/%	平衡压/MPa	倾斜因子	
x = 0	295	1.89	1.91	1.22	1.66	1.01	0.80	0.65
	315	1.98	3.90	2.41	1.75	2.28	2.44	0.35
	335	1.75	6.62	4.39	1.51	4.42	4.50	0.40
x = 1	295	1.72	2.14	1.14	1.46	1.10	0.56	0.44
	315	1.73	3.96	1.73	1.52	2.40	0.94	0.78
	335	1.56	6.69	1.70	1.33	4.53	1.75	0.52

从表 5.5 中计算得到的数据可以看出，随着工作温度升高，合金吸放氢平台压力和倾斜度逐渐升高。这表明随着温度升高，研究合金的吸放氢性能下降。另外，随着温度升高，吸放氢平台略微变窄。这一结果与其他研究结果一致[115]。PCI 图中的平台区对应于溶解度间隙，在平台区中部分不互溶 α（BCC）相和 β（BCT）相共存。

作为一种普遍接受的方法，使用不同温度下的平台压力，通过式（1.9）的范特霍夫方程可以计算吸放氢反应焓和熵。根据表 5.5 中不同温度下的平台压力数据得到 V₄₈Fe₁₂Ti₁₅₋ₓCr₂₅Alₓ（x = 0，1）合金的范特霍夫曲线，如图 5.12 所示。可以明显看出，$\ln(P_{eq}/P_0)$ - $1000/T$ 具有良好的线性关系。根据 $\ln(P_{dq}/P_0)$ 与 $1000/T$ 拟合曲线的斜率及其在垂直坐标上的截距可以得到吸放氢焓变和熵变。计算得到的母合金和含 Al 合金放氢焓分别为 30.12 ± 0.14 kJ/mol 和 28.02 ± 0.46 kJ/mol，合金中掺杂 Al 后，放氢反应焓降低。这意味着掺杂铝对研究合金的热力学性能有影响，氢化物稳定性降低。Ivey 和 Northwood[116] 提出的理论表明，低吸氢反应焓原子数量的增加会降低储氢合金的氢化物稳定性。对于 $V_{48}Fe_{12}Ti_{15-x}Cr_{25}Al_x$ 合金，$Ti(-126.0$ kJ/mol$)$[117] 的吸氢焓明显高于 $Al(-6.95$ kJ/mol$)$[118-119]，在合金中用原子数分数为 1% 的 Al 替代 Ti 作为掺杂，尽管掺杂的 Al 原子比例很小，但是由于 Al，Ti 之间的吸氢焓相差太大，所以掺杂了低吸氢焓 Al 原子的合金，氢化物稳定性略微降低。

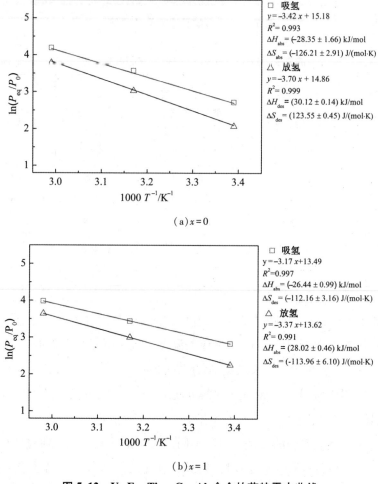

（a）$x = 0$

（b）$x = 1$

图 5.12　$V_{48}Fe_{12}Ti_{15-x}Cr_{25}Al_x$ 合金的范特霍夫曲线

5.5 放氢活化能

为了研究掺杂 Al 对实验合金在非等温条件下放氢性能的影响，对完全饱和吸氢后的合金粉进行 DSC 测试，如图 5.13 所示，其中 T_p 是吸热峰的峰值温度。从图 5.13 中可以看出，每一条 DSC 曲线只有一个吸热峰。3.5 节中指出，这一现象主要代表了 VH_2 相分解为 $V_4H_{2.88}$ 相，这也解释了 PCI 曲线放氢过程中只有一个平台。此外，所有合金的峰形均相似，说明氢解吸反应过程相同。表5.6 列出了合金的放氢温度等参数。可以看出，在每一个加热速率下，掺杂 Al 的合金各曲线的吸热峰相对于母合金相应的吸热峰向较低的温度移动。例如，当加热速率为 20 K/min 时，母合金和掺杂 Al 合金的吸热峰峰值温度分别为485.25 K 和 473.44 K，即掺杂 Al 合金的吸热峰峰值温度比母合金低 11.81 K，这意味着含 Al 合金的金属氢化物稳定性下降，氢化物更容易释放氢。这与上面计算得到的放氢焓变化结论一致。

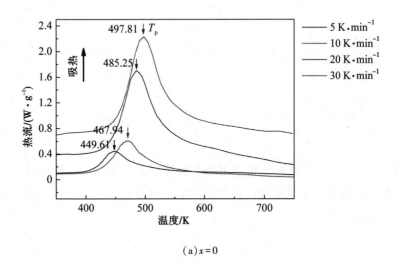

(a) $x = 0$

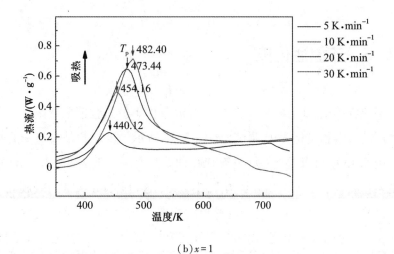

（b）$x=1$

图 5.13 $V_{48}Fe_{12}Ti_{15-x}Cr_{25}Al_x$ 合金的放氢 DSC 曲线

表 5.6 DSC 测试下的放氢温度和放氢活化能

样品	升温速率/(K·min^{-1})	放氢温度范围/K	峰值温度/K	放氢表观活化能 /(kJ·mol^{-1})
	5	393.30~563.10	449.61	
	10	399.15~566.10	467.94	
$x=0$	20	402.10~580.70	485.25	62.01
	30	416.10~613.30	497.81	
	5	381.32~479.72	440.12	
	10	385.12~515.27	454.16	
$x=1$	20	387.44~529.90	473.44	65.43
	30	390.37~549.10	482.40	

　　放氢活化能（E^{des}）是指金属氢化物中的氢原子需要一定能量越过能垒才能释放出氢气，能垒高度就是所谓放氢活化能。活化能 E^{des} 与放氢速率常数 k 满足阿伦尼乌斯方程[100]：

$$k=A\exp\left(-\frac{E^{des}}{RT}\right) \qquad (5.1)$$

活化能 E^{des} 可根据 $\ln k$ 对 $1/T$ 拟合求得。但是一般情况下，放氢活化能很难通过实验准确测得，所以一般由放氢表观活化能（E_A^{des}）代替。根据 DSC 结果和式（1.10）可以得到 Kissinger 曲线，如图 5.14 所示。E_A^{des} 由拟合直线的斜率计算得到。母合金和掺杂 Al 合金的 E_A^{des} 分别为 62.01 kJ/mol 和 65.43 kJ/mol。从计算结果可以看出，掺杂 Al 合金的 E_A^{des} 比母合金的大 3.42 kJ/mol，说明放氢需要克服的能垒变大，因此，掺杂 Al 降低了合金的放氢动力学性能。这一结果与 5.2 节中等温条件下放氢动力学的研究结果一致。

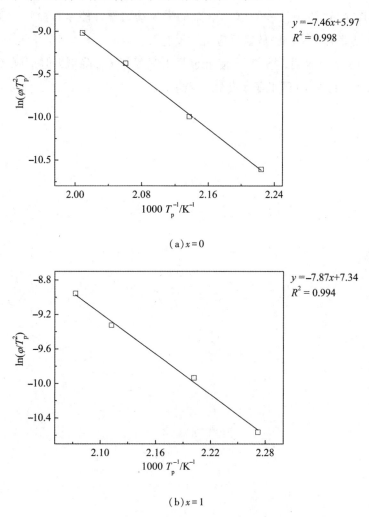

图 5.14 合金放氢 DSC 对应的 Kissinger 曲线

5.6 本章小结

本章挑选了放氢效率最高的 $V_{48}Fe_{12}Ti_{15}Cr_{25}$ 合金作为研究对象，详细研究了掺杂原子数分数分别为 1% 的 Al 对合金的组织结构和储氢性能的影响。得出以下结论。

(1)掺杂 Al 后，$V_{48}Fe_{12}Ti_{15}Cr_{25}$合金的相组成没有明显改变，合金主相 BCC 的晶格常数也基本没有改变。

(2)掺杂 Al 使 $V_{48}Fe_{12}Ti_{15}Cr_{25}$合金的吸氢动力学性能略有提升，而放氢动力学性能则略有下降。吸放氢反应机制没有改变。

(3)PCI 测试表明，掺杂 Al 使合金最大吸氢量 C_{abs}降低，但是放氢效率基本没有改变；掺杂 Al 降低了氢化物的稳定性。

第6章 掺杂 La 对 $V_{48}Fe_{12}Ti_{30}Cr_{10}$ 合金组织及储氢性能的影响

在储氢合金中，稀土元素具有特殊的意义。例如在镍氢电池 AB_5[120-121] 储氢合金中，A 侧金属元素就是一种或多种放热型稀土元素。除了作为 A 侧吸氢元素外，稀土元素也常作为少量的添加物，来改善合金某方面的储氢性能，其中，研究最广泛的是稀土 La。Yao 等[122]，为了改善 AB_2 型合金 $Ti_{1.02}Cr_{1.1}Mn_{0.3}Fe_{0.6}$ 的活化性能，在母合金中掺杂了少量稀土，研究结果表明，在 34~43 MPa 的氢压下，无稀土合金在室温下很难吸氢，但在相同的条件下，所有掺杂稀土的合金都能吸氢至饱和，其中，掺杂原子数分数为 10% 的 La 时，合金的活化行为明显改善。Wang 等[123] 为了改善 TiFe 合金的活化性能，利用悬浮熔炼技术在 $Ti_{1.1}Fe$ 合金中掺杂了少量稀土 La，在 298 K 和 6.0 MPa 的初始氢压下，当 La 含量从 0 增长到质量分数为 2.5% 和 5% 时，首次吸氢的孕育时间分别从 70 min 缩短到 40 min 和 15 min。添加少量 La，明显提高了活化性能。同时，添加 La 缩短了吸放氢 PCI 曲线中 α 相区域，提高了有效储氢量，降低了合金吸放氢平台的滞后效应。Singh 等[124] 利用电弧熔炼技术在 $Ti_{0.32}Cr_{0.43}V_{0.25}$ 合金中添加了质量分数为 5% 的 La，平台斜率由母合金的 30.5 显著改善为 14.6。以上研究结果表明，储氢合金中添加适量 La 会提高合金的某方面性能。

在第 3 章中，通过对 $V_{48}Fe_{12}Ti_{15+x}Cr_{25-x}(x=0，5，10，15)$ 合金储氢动力学和热力学性能的研究，发现 $V_{48}Fe_{12}Ti_{30}Cr_{10}$ 合金的储氢性能最佳，吸放氢动力学优异，室温储氢量质量分数达 2.94%，有效放氢量质量分数为 1.81%，放氢效率达 61.6%。但是吸放氢平台滞后和活化性能有待进一步提高。

本章对合金 $V_{48}Fe_{12}Ti_{30}Cr_{10}$ 进行 La 掺杂，研究掺杂 La(原子数分数为 1%~5%)对合金微观结构、相组成及吸放氢性能的影响。从动力学机制和热力学性能等角度分析储氢性能的变化机理，为钒基固溶体储氢合金的稀土合金化发展提供理论依据。

6.1 合金的微观结构

合金($V_{48}Fe_{12}Ti_{30}Cr_{10})_{100-x}La_x(x=0, 1, 2, 3, 5$)的 X 射线衍射图谱如图 6.1(a)所示(为了方便叙述,在下文中分别用母合金、La_1、La_2、La_3、La_5代表 $x=0, 1, 2, 3, 5$ 对应的合金)。首先,从图谱中看出,掺杂 La 对 BCC 相主峰的强度、峰宽影响不明显,只是掺杂 La 合金的 BCC 相衍射峰位置向左偏移了大约 0.1°,如图 6.1(b)所示。其次,在 XRD 图谱中出现了一些低强度的额外峰。为了从 XRD 数据中获取更详细的信息,采用 Rietveld 结构精修方法对衍射图谱进行精修计算,精修得到的晶胞参数等数据列于表 6.1 中。母合金主相 BCC 的晶格常数为 0.3038 nm,合金掺杂 La 后,晶格常数变大,这就是 BCC 相衍射峰位置向左偏移的原因。需要指出的是,掺杂 La 合金主相 BCC 的晶格常数并没有随着掺杂量增加而逐渐增大,四种掺杂 La 合金的晶格常数均为 0.3043 nm,分析认为有两个原因,第一是因为 La 在 V, Ti, Cr, Fe 形成的固溶体中固溶度非常有限,文献[125]表明 La 作为凝固合金第二相出现前,La 在 V 中的含量上限是 0.04%(原子数分数)。从 La-V 二元相图[126]计算可知,在偏晶温度下,在 V 中 La 的最大极限溶解度的计算值仅为 0.03%(质量分数)。而从 La-Ti 相图[127-128]计算可知,La 在 α-Ti 或 β-Ti 中的溶解度约为 1%(原子数分数)。由此我们可知 $V_{48}Fe_{12}Ti_{30}Cr_{10}$ 合金中 La 的固溶度小于 1%(原子数分数),四种合金的 La 掺杂量均超过固溶度。第二个原因是稀土 La 的原子半径(183 pm)远远大于 Ti, V, Cr 和 Fe 的原子半径(Ti:147 pm, V:134 pm, Cr:128 pm, Fe:126 pm),La 元素不能很容易地进入母合金晶格中,因此,过量掺杂的 La 以独立相存在于合金基体中,这与实验结果是完全吻合的。

图 6.2 是代表合金 La_5 的 Rietveld 结构精修图谱。分析结果表明,掺杂 La 的合金粉末样品中有四种相存在,分别是主相 BCC、Laves 相、纯 La 相和 La_2O_3 相,而母合金中存在的富 Ti 相没有出现。第 3 章中指出,母合金相组成中有少量富 Ti 相是由于合金制备过程中氧存在导致的,在合金制备过程中,即使在 Ar 气氛中,也存在少量的氧,这些氧可能是 Ar 气体中少量的氧杂质,也可能来自合金表面少量的氧化层。而当合金中掺杂 La 以后,由于 La 的电负性与其他合金元素相比小很多(La:1.1, Ti:1.54, V:1.63, Cr:1.66, Fe:1.83, O:

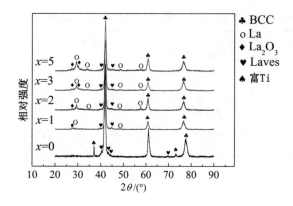

（a）$2\theta=20°\sim90°$

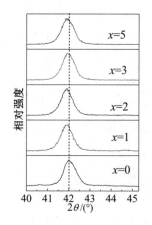

（b）$2\theta=40°\sim45°$

图 6.1　（$V_{48}Fe_{12}Ti_{30}Cr_{10}$）$_{100-x}La_x$（$x=0$，1，2，3，5）合金 XRD 图谱

3.44），非常容易和氧结合，优先形成稀土氧化物，所以合金中没有再出现少量富 Ti 相（Ti>95%的质量分数），这也说明掺杂少量 La 可以在一定程度上促进合金成分的均匀化。合金中纯 La 相的存在进一步说明合金制备过程中氧的量很少。另外，需要指出的是，掺杂 La 合金粉末样品中的 La_2O_3 相，一部分是合金熔炼过程中产生的，还有一部分可能是合金破碎制粉过程中稀土 La 氧化产生的。

表 6.1 $(V_{48}Fe_{12}Ti_{30}Cr_{10})_{100-x}La_x(x=0,1,2,3,5)$ 合金的各相晶胞参数及相对含量

样品	相	空间群	晶格常数		丰度(质量分数)/%
			a/nm	c/nm	
$x=0$	BCC	Im-3m(229)	0.3038	—	93.66
	富Ti	P63-mcc(194)	0.2797	0.4854	5.29
	Laves	P63-mcc(194)	0.4847	0.7885	1.05
$x=1$	BCC	Im-3m(229)	0.3043	—	93.85
	Laves	P63-mcc(194)	0.4836	0.8017	4.10
	La	Fm-3m(225)	0.5407	—	0.96
	La_2O_3	IA-3(206)	1.1270	—	1.09
$x=2$	BCC	Im-3m(229)	0.3043	—	92.46
	Laves	P63-mcc(194)	0.4838	0.7945	4.14
	La	Fm-3m(225)	0.5294	—	2.18
	La_2O_3	IA-3(206)	1.1286	—	1.22
$x=3$	BCC	Im-3m(229)	0.3043	—	92.16
	Laves	P63-mcc(194)	0.4765	0.8053	4.07
	La	Fm-3m(225)	0.5291	—	2.37
	La_2O_3	IA-3(206)	1.1329	—	1.40
$x=5$	BCC	Im-3m(229)	0.3043	—	90.90
	Laves	P63-mcc(194)	0.4695	0.7936	2.84
	La	Fm-3m(225)	0.5290	—	3.83
	La_2O_3	IA-3(206)	1.1309	—	2.43

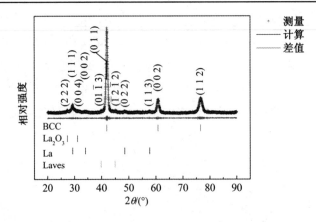

图 6.2 合金 $(V_{48}Fe_{12}Ti_{30}Cr_{10})_{95}La_5$ 的 Rietveld 结构精修图谱

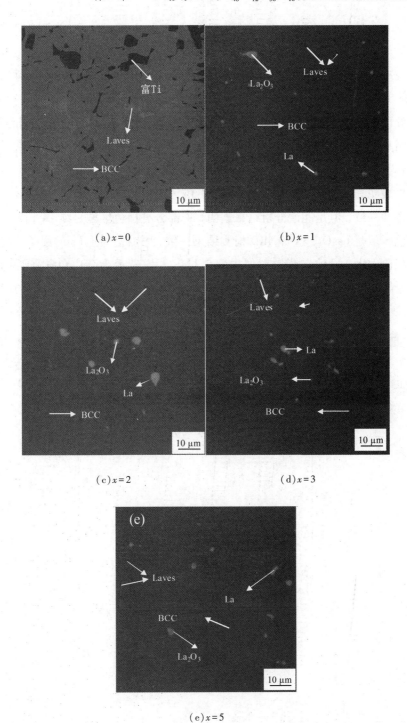

(a) $x=0$

(b) $x=1$

(c) $x=2$

(d) $x=3$

(e) $x=5$

图 6.3 $(V_{48}Fe_{12}Ti_{30}Cr_{10})_{100-x}La_x(x=0,1,2,3,5)$ 合金背散射电子像

图 6.3 是铸态 $(V_{48}Fe_{12}Ti_{30}Cr_{10})_{100-x}La_x$($x$ = 0，1，2，3，5) 合金的扫描电镜背散射电子像，可以明显看出，母合金图像有三个不同颜色衬度的区域，表明合金具有三种相结构，3.1 节分析结果表明深灰色、黑色和白灰色分别为 BCC相、富 Ti 相和 Laves 相。而掺杂 La 合金的背散射电子像也能明显看出有三个不同颜色衬度的区域，图 6.4 是代表合金 La_5 背散射像不同相的成分能谱曲线，可以明显看出背散射像中不同颜色区域，元素组成、含量比例明显不同，表 6.2列出 $(V_{48}Fe_{12}Ti_{30}Cr_{10})_{100-x}La_x$($x$ = 0，1，2，3，5) 合金的各相元素比例。EDS 分析结果表明，深灰色区域是主相 BCC，黑色区域是 Laves 相，而亮白色区域虽然颜色衬度一致，但是能谱分析结果表明，一部分亮白色区域是纯 La 相，一部分亮白色区域是 La_2O_3，这与 XRD 检测结果一致，原因是稀土 La 的原子量与氧原子量相比太大，导致在背散射像中颜色衬度上均显示为亮白色。需要指出的是，在背散射电子像中母合金的 Laves 相呈白灰色，而在掺杂 La 合金的背散射电子像中呈黑色，颜色衬度存在较大差别。这是由于 Laves 相典型分子式为 AB_2，合金的特征就是组成范围宽，A 侧和 B 侧的组成允许有较大波动，A 原子半径略大于 B 原子半径，r_A/r_B 为 1.05～1.68，金属为致密聚集结构，其中在储氢合金中最常见的是复杂六方结构的 C14 型，最外层电子浓度为 1.80～2.00，本书合金中的 Laves 相就属于 $MgZn_2$ 结构的 C14 型。

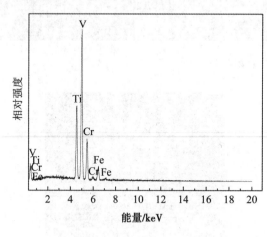

(a) BCC

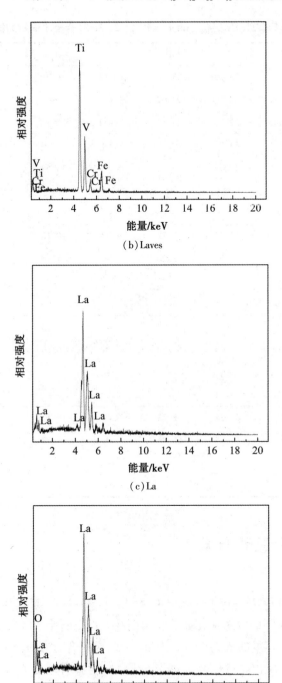

（b）Laves

（c）La

（d）La_2O_3

图 6.4 合金 $(V_{48}Fe_{12}Ti_{30}Cr_{10})_{95}La_5$ 背散射电子像中不同区域 EDS 图谱

表 6.2 （$V_{48}Fe_{12}Ti_{30}Cr_{10}$）$_{100-x}La_x$（$x=0$，1，2，3，5）合金不同相的能谱定量结果

样品	相	V	Ti	Cr	Fe	La	O
$x=0$	BCC	53.16	27.02	10.12	9.70	—	—
	富 Ti	5.03	94.97	—	—	—	—
	Laves	22.23	28.13	19.52	30.12	—	—
$x=1$	BCC	43.67	40.00	6.04	10.29	—	—
	Laves	27.03	55.83	5.59	13.54	—	—
	La	—	—	—	—	100.00	—
	La_2O_3	—	—	—	—	35.46	64.54
$x=2$	BCC	54.77	28.78	6.27	10.18	—	—
	Laves	26.02	58.20	3.99	11.79	—	—
	La	—	—	—	—	100.00	—
	La_2O_3	—	—	—	—	26.22	73.78
$x=3$	BCC	41.90	39.92	6.45	11.73		
	Laves	27.06	52.20	3.94	16.80	—	—
	La	—	—	—	—	100.00	—
	La_2O_3	—	—	—	—	25.98	74.02
$x=5$	BCC	45.24	38.23	6.42	10.11	—	—
	Laves	19.05	60.77	6.00	14.18	—	—
	La	—	—	—	—	100.00	—
	La_2O_3	—	—	—	—	32.44	67.56

6.2 吸氢动力学

图 6.5 是（$V_{48}Fe_{12}Ti_{30}Cr_{10}$）$_{100-x}La_x$（$x=0$，1，2，3，5）合金在 295 K 下，初始氢气压力 5 MPa 下的吸氢活化曲线。由图 6.5 可以看出，母合金在吸放氢循环两次后达到吸氢容量的最大值，而掺杂 La 元素的合金在一次吸氢后就能达到最大吸氢容量。所以，对母合金掺杂少量 La 能够明显提升合金的活化性能。这主要有两个原因。首先，稀土 La 均匀分布在合金的整个区域，如图 6.3 所示，会起到界面效应，由于第二相的精细分散而产生的高密度界面，能为氢的扩散提供通道[124]；其次，稀土元素非常活跃，会改变某些元素的价态，这有助于改善合金的活化性能[66]。

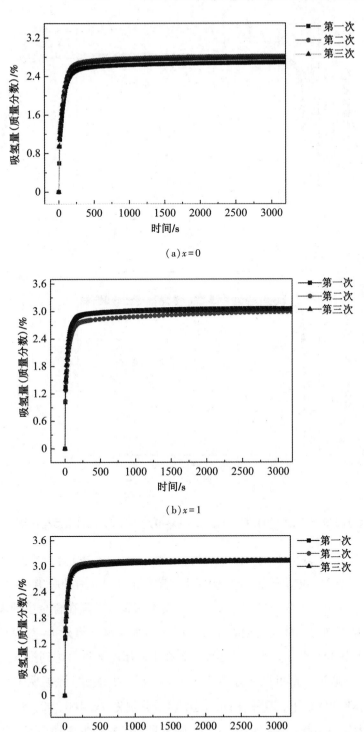

（a）$x = 0$

（b）$x = 1$

（c）$x = 2$

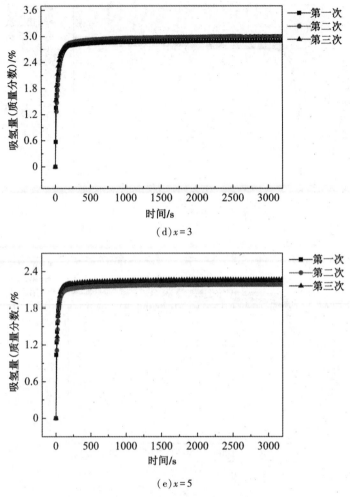

(d) $x=3$

(e) $x=5$

图 6.5 $(V_{48}Fe_{12}Ti_{30}Cr_{10})_{100-x}La_x(x=0, 1, 2, 3, 5)$ 合金活化曲线

图 6.6 是 $(V_{48}Fe_{12}Ti_{30}Cr_{10})_{100-x}La_x(x=0, 1, 2, 3, 5)$ 合金完全活化后在 295, 315, 335 K, 初始氢压为 5 MPa 下, 反应前 150 s 内的吸氢动力学曲线。所有合金都有很快的吸氢速率, 快速的吸氢速率显示出氢在合金中的高扩散系数。吸氢量和动力学性能均随着工作温度上升而下降。掺杂 La 对吸氢动力学性能有明显影响, 表 6.3 列出了五种合金在不同温度下吸氢达到饱和量 90% 所需时间 $t_{90\%}$, 通过数据可以明显看出, 含 La 合金的动力学性能明显优于母合金, 例如, 在 295 K 下, 四种含 La 合金的 $t_{90\%}$ 分别为 68, 100, 90, 62 s, 而母合金的 $t_{90\%}$ 大概是 160 s。掺杂 La 合金表现出非常优异的吸氢动力学性能, 远远高于目前为止文献[35, 70]中报道有关 V-Ti 基 BCC 合金的吸氢动力学性能。

掺杂量对动力学性能的影响没有表现出明显规律。另外，从图 6.6 中还可以看出掺杂 La 对吸氢量也有明显影响，6.4 节将做详细分析。

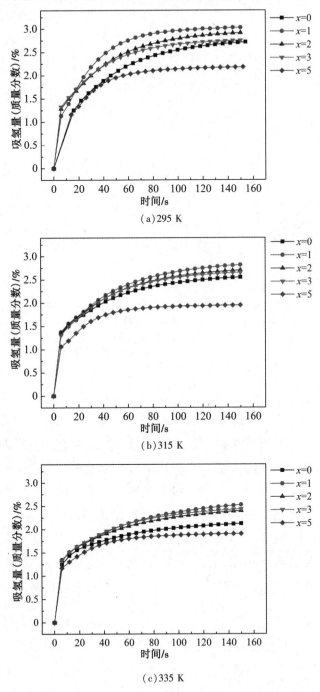

(a) 295 K

(b) 315 K

(c) 335 K

图 6.6 $(V_{48}Fe_{12}Ti_{30}Cr_{10})_{100-x}La_x (x=0, 1, 2, 3, 5)$ 合金吸氢动力学曲线

表 6.3 不同温度下完成饱和吸氢量 90%所需时间

样品	温度/K	$t_{90\%}$/s
$x=0$	295	160
	315	138
	335	474
$x=1$	295	68
	315	108
	335	150
$x=2$	295	100
	315	114
	335	168
$x=3$	295	90
	315	102
	335	130
$x=5$	295	62
	315	54
	335	60

图 6.7 是吸氢反应分数随时间的变化曲线。可以看出，掺杂 La 合金吸氢反应分数 α 变快。对不同温度下吸氢反应分数随时间变化的曲线进行拟合，图 6.8 是 $(V_{48}Fe_{12}Ti_{30}Cr_{10})_{100-x}La_x(x=0，1，2，3，5)$ 合金吸氢反应过程中动力学模型拟合曲线。掺杂 La 没有改变合金吸氢过程动力学机制，反应过程第一阶段仍然是形核长大机制 $(-\ln(1-\alpha))^n=kt(n=3/2，2，3)$，第二阶段是三维扩散 G-B 模型机制 $(1-2\alpha/3)-(1-\alpha)^{2/3}=kt$。表 6.4 列出了不同温度下合金吸氢反应速率常数。从表 6.4 中可以看出，同一合金在一定温度下，形核长大反应速率 k_1 都大于三维扩散反应速率 k_2。这表明，三维扩散反应机制是整个吸氢过程的限速步骤。

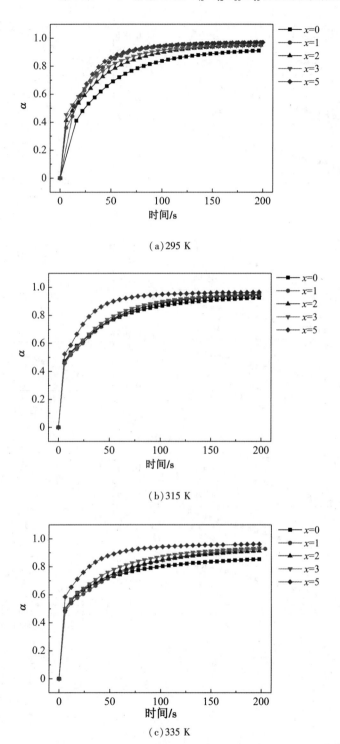

（a）295 K

（b）315 K

（c）335 K

图 6.7 （$V_{48}Fe_{12}Ti_{30}Cr_{10}$）$_{100-x}La_x$（$x=0$，1，2，3，5）合金吸氢反应分数曲线

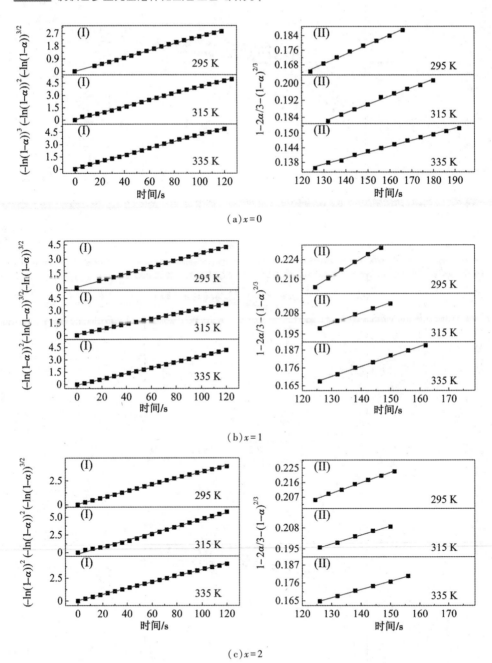

（a）$x=0$

（b）$x=1$

（c）$x=2$

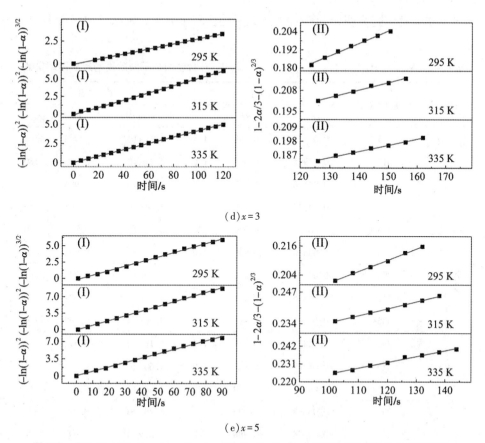

图 6.8 （$V_{48}Fe_{12}Ti_{30}Cr_{10}$）$_{100-x}La_x$（$x=0$，1，2，3，5）合金吸氢反应动力学机制模型

在 295 K 下，掺杂 La 合金反应速率常数 k_1，k_2 均比母合金的大。反应速率提高与氢扩散系数提高有直接关系。根据式（3.5）可以计算氢原子在合金中的扩散系数。为计算吸氢过程氢原子扩散系数，对完全活化后的合金粉进行粒度分析，如图 6.9（a）所示，五种合金的粒度分别为 76，94，76，89，76 μm。图 6.9（b）是合金中氢原子扩散系数随反应时间变化曲线。可以看出，掺杂 La 的合金，扩散系数均略微大于母合金，因此，掺杂 La 的合金吸氢比母合金快。这主要有以下几个原因，第一，稀土 La 均匀分布在合金中，为氢的扩散提供了更多通道[124]。第二，储氢合金中溶解的氧原子位于间隙位置，会降低储氢间隙位置的数量和氢扩散系数；在本书中，合金掺杂 La，合金中的氧与部分 La 结合，氧原子脱离间隙位置，提高了氢的扩散系数。第三，掺杂 La 增大了合金的晶格参数，也导致氢原子的扩散系数增大。在 315，335 K 下，由于拟合公式不同，反应常数 k_1 无法比较。随着反应时间的增加，氢化物层逐渐增厚，阻碍了

氢的扩散，有研究表明，当氢化物层厚度大于 50 μm 时，氢原子的扩散基本停止[129-131]。

表 6.4　$(V_{48}Fe_{12}Ti_{30}Cr_{10})_{100-x}La_x(x=0，1，2，3，5)$ 合金吸氢不同阶段的反应速率常数

样品	温度/K	第一阶段			第二阶段		
		k_1/s^{-1}	R^2	t/s	k_2/s^{-1}	R^2	t/s
$x=0$	295	0.02475	0.998	118	$5.21×10^{-4}$	0.993	166
	315	0.03975	0.998	126	$3.97×10^{-4}$	0.993	180
	335	0.04126	0.999	120	$2.46×10^{-4}$	0.994	192
$x=1$	295	0.03540	0.999	120	$5.44×10^{-4}$	0.996	156
	315	0.03110	0.999	120	$6.35×10^{-4}$	0.991	150
	335	0.03510	0.999	120	$6.17×10^{-4}$	0.995	162
$x=2$	295	0.03400	0.998	120	$5.30×10^{-4}$	0.996	162
	315	0.04826	0.995	120	$5.51×10^{-4}$	0.994	150
	335	0.03391	0.998	120	$5.09×10^{-4}$	0.998	156
$x=3$	295	0.02830	0.999	119	$6.15×10^{-4}$	0.992	161
	315	0.05187	0.998	120	$4.60×10^{-4}$	0.992	156
	335	0.04157	0.999	120	$4.84×10^{-4}$	0.991	162
$x=5$	295	0.05618	0.996	90	$5.28×10^{-4}$	0.997	132
	315	0.09934	0.998	90	$2.87×10^{-4}$	0.997	138
	335	0.08855	0.996	90	$3.59×10^{-4}$	0.989	144

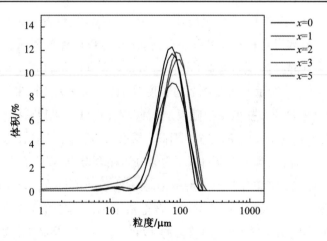

(a)粒度分布曲线

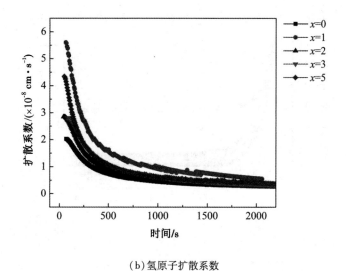

（b）氢原子扩散系数

图 6.9 合金颗粒完全活化后粒度分布曲线及氢原子扩散系数随反应时间变化曲线

6.3 放氢动力学

图 6.10 是 $(V_{48}Fe_{12}Ti_{30}Cr_{10})_{100-x}La_x(x=0,1,2,3,5)$ 合金完全活化后在不同温度，初始氢气压力为 $1×10^{-4}$ MPa 条件下，放氢反应前 1500 s 内的放氢动力学曲线。所有合金的放氢速率与吸氢速率相比都比较慢。掺杂 La 的量对合金的放氢动力学性能影响比较复杂。在 295 K 下，La_3 的放氢动力学性能最佳，其

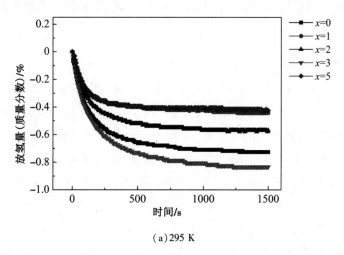

（a）295 K

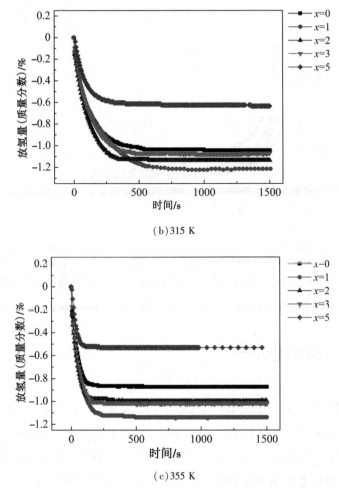

(b)315 K

(c)355 K

图 6.10 （$V_{48}Fe_{12}Ti_{30}Cr_{10}$）$_{100-x}La_x$（$x=0$，1，2，3，5）合金的放氢动力学曲线

他含 La 合金都比母合金差；在 315 和 335 K 下，La_1，La_2，La_3三种合金的放氢动力学都比母合金好，只有 La_5合金比母合金差。

为了明确掺杂 La 对合金放氢机理的影响，需要研究放氢反应分数随时间的变化规律。图 6.11 是放氢反应前 200 s 内合金放氢反应分数随时间的变化曲线。可以看出，随着放氢温度提高，放氢反应分数 α 均变快。例如，La_5合金在 295，315，335 K 下，放氢时间为第 200 s 时，α 分别为 0.77，0.87，1。这是由于合金放氢是吸热反应，温度越高，为放氢提供的能量越高，越有利于快速放氢。

图 6.12 是（$V_{48}Fe_{12}Ti_{30}Cr_{10}$）$_{100-x}La_x$（$x=0$，1，2，3，5）合金放氢反应动力学机制模型拟合曲线。放氢反应均分别由第一阶段的几何收缩模型机制

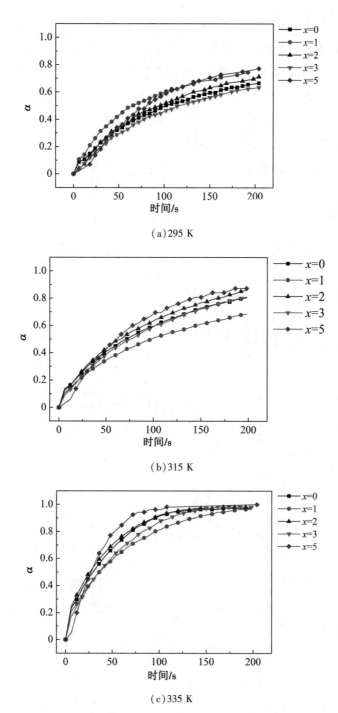

(a) 295 K

(b) 315 K

(c) 335 K

图 6.11 （$V_{48}Fe_{12}Ti_{30}Cr_{10}$）$_{100-x}La_x$（$x=0$，1，2，3，5）合金放氢反应分数曲线

$1-(1-\alpha)^{1/3}=kt$ 和第二阶段的三维扩散 G-B 模型 $(1-2\alpha/3)-(1-\alpha)^{2/3}=kt$ 组成，掺杂 La 没有改变合金的放氢机制，合金放氢不同阶段的反应速率常数(k_1，k_2)列于表 6.5 中。可以看出，掺杂 La 的合金放氢反应第一阶段反应速率 k_1 都比母合金大，例如，在 295 K 下，五种合金的 k_1 分别为 0.00187，0.00201，0.00241，0.00200，0.00308 s^{-1}。同样，掺杂 La 的合金放氢反应第二阶段反应速率 k_2 也比母合金大，例如，在 335 K 下，五种合金的 k_2 分别为 9.13×10^{-4}，0.00143，0.00155，0.00183，0.0017 s^{-1}。说明掺杂 La 能够提高合金的放氢速率。需要指出的是，随着掺杂量的增加，三维扩散机制的第二阶段反应时间逐渐变短，表明掺杂量越大的合金放氢主要是第一阶段完成的。

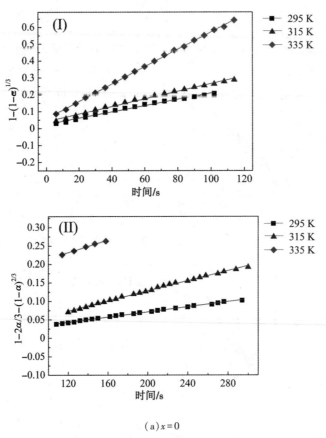

(a)$x=0$

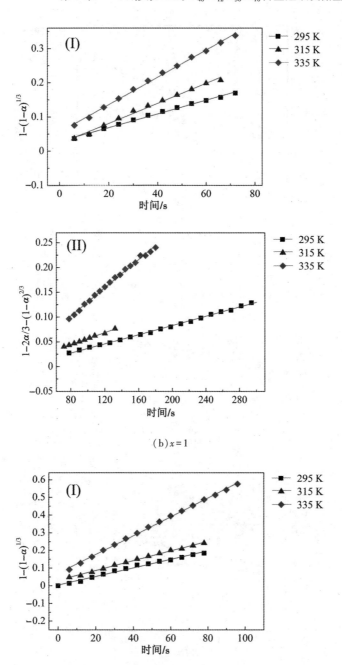

（b）$x=1$

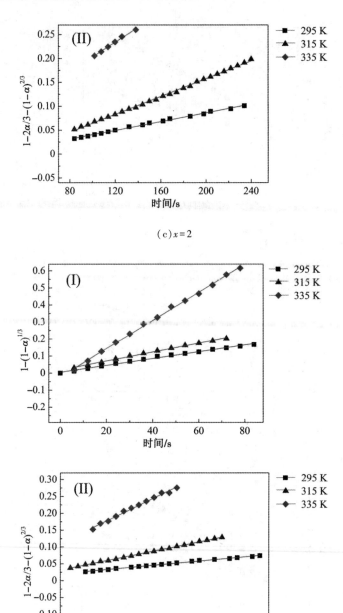

（c）$x=2$

（d）$x=3$

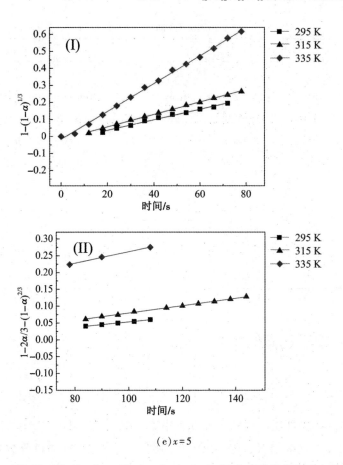

（e）$x=5$

图 6.12 （$V_{48}Fe_{12}Ti_{30}Cr_{10}$）$_{100-x}La_x$（$x=0$，1，2，3，5）合金放氢反应动力学机制模型

表 6.5 放氢不同阶段的反应速率常数

样品	温度/K	第一阶段			第二阶段		
		k_1/s^{-1}	R^2	t/s	k_2/s^{-1}	R^2	t/s
$x=0$	295	0.00187	0.990	102	3.50×10^{-4}	0.997	294
	315	0.00225	0.993	114	6.84×10^{-4}	0.997	300
	335	0.00504	0.999	114	9.13×10^{-4}	0.998	138
$x=1$	295	0.00201	0.992	72	4.65×10^{-4}	0.994	300
	315	0.00293	0.994	66	6.01×10^{-4}	0.998	132
	335	0.00400	0.997	72	0.00143	0.996	180

表6.5(续)

样品	温度/K	第一阶段			第二阶段		
		k_1/s^{-1}	R^2	t/s	k_2/s^{-1}	R^2	t/s
$x=2$	295	0.00241	0.989	78	4.60×10^{-4}	0.996	134
	315	0.00277	0.996	78	9.33×10^{-4}	0.998	250
	335	0.00533	0.998	96	0.00155	0.992	138
$x=3$	295	0.00200	0.993	84	3.45×10^{-4}	0.991	228
	315	0.00263	0.997	72	7.64×10^{-4}	0.998	222
	335	0.00828	0.997	78	0.00183	0.991	162
$x=5$	295	0.00308	0.991	72	8.05×10^{-4}	0.998	108
	315	0.00365	0.998	78	0.001098	0.998	144
	335	0.00834	0.998	72	0.0017	0.997	108

6.4 吸放氢热力学

图6.13是$(V_{48}Fe_{12}Ti_{30}Cr_{10})_{100-x}La_x(x=0,1,2,3,5)$合金的吸放氢PCI曲线。吸放氢的相关性能参数列于表6.6中。吸氢量随着La含量增加先增加后减小，La_1合金吸氢量最大，在295 K下，吸氢量为3.18%(质量分数)，随着掺杂La的量继续增加，合金吸氢量逐渐减小，除La_5合金容量小于母合金外，其他合金的容量均高于母合金。前面分析结果表明合金掺杂La后晶格常数变大，增大的晶格会提高合金的吸氢量，所以La_1合金的吸氢量明显比母合金大；然而，La在V-Ti合金中的溶解度极为有限，过量掺杂的La会形成独立的La相或者La_2O_3相。图6.14是La_5合金完全吸氢后XRD图谱，虽然La也可以吸氢，但是吸氢后形成了LaH_3相，LaH_3相重量吸氢量较小，质量分数只有2%，而且LaH_3相是"死相"，热力学稳定性非常高，在循环过程中吸氢很少，而主要吸氢相BCC含量会随着La的增加而降低。

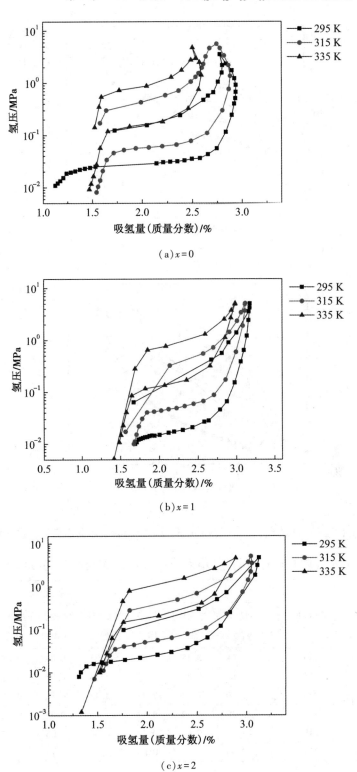

（a）$x = 0$

（b）$x = 1$

（c）$x = 2$

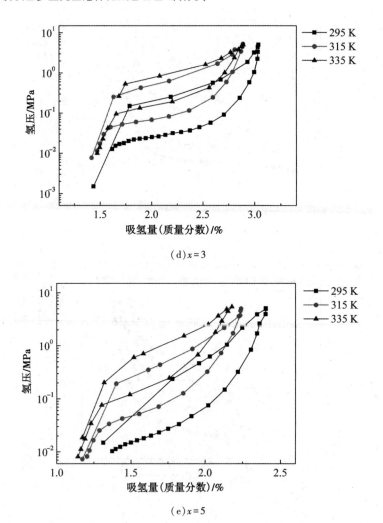

(d) $x=3$

(e) $x=5$

图 6.13　$(V_{48}Fe_{12}Ti_{30}Cr_{10})_{100-x}La_x(x=0,1,2,3,5)$ 合金不同温度下吸放氢 PCI 曲线

表 6.6　$(V_{48}Fe_{12}Ti_{30}Cr_{10})_{100-x}La_x(x=0,1,2,3,5)$ 合金吸放氢 PCI 参数

样品	温度/K	吸氢			放氢			滞后
		容量(质量分数)/%	平衡压/MPa	倾斜因子	容量(质量分数)/%	平衡压/MPa	倾斜因子	
$x=0$	295	2.94	0.35	0.46	1.81	0.03	0.01	2.45
	315	2.89	0.89	1.17	1.28	0.07	0.07	2.41
	335	2.60	1.17	1.42	1.13	0.18	0.26	1.63
$x=1$	295	3.18	0.20	0.43	1.49	0.02	0.05	2.05
	315	3.12	0.47	0.49	1.44	0.06	0.07	1.45
	335	2.99	1.11	0.86	1.51	0.15	0.23	1.92

表6.6(续)

样品	温度/K	吸氢			放氢			滞后
		容量(质量分数)/%	平衡压/MPa	倾斜因子	容量(质量分数)/%	平衡压/MPa	倾斜因子	
$x=2$	295	3.13	0.28	0.30	1.83	0.03	0.02	2.05
	315	3.06	0.67	0.46	1.51	0.08	0.04	2.07
	335	2.90	1.53	1.38	1.38	0.22	0.16	1.44
$x=3$	295	3.04	0.40	1.48	1.42	0.04	0.07	1.94
	315	2.89	1.00	1.43	1.42	0.11	0.21	1.87
	335	2.89	2.10	1.82	1.42	0.27	0.37	1.61
$x=5$	295	2.41	0.60	2.25	1.03	0.06	0.21	2.09
	315	2.24	1.36	2.43	1.02	0.16	0.42	1.74
	335	2.18	2.86	3.33	1.02	0.38	0.92	1.28

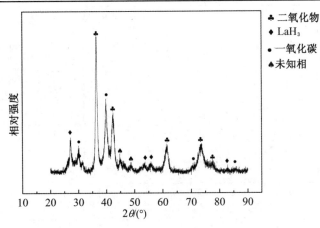

♣ 二氧化物
♦ LaH₃
● 一氧化碳
▲ 未知相

图 6.14　($V_{48}Fe_{12}Ti_{30}Cr_{10}$)$_{95}La_5$ 合金吸氢后 XRD 图谱

母合金与其他掺杂 La 的合金一样, 吸氢量随着工作温度的升高逐渐降低, 说明较高的工作温度不利于合金吸氢, 这主要是由于吸氢反应是放热反应的原因。但是, 与母合金不同的是, 掺杂 La 合金有效容量并没有随着工作温度升高而显著降低, 例如在 295, 315, 335 K 下, La$_1$ 合金的有效放氢量质量分数分别为 1.49, 1.44, 1.51。说明掺杂 La 会改变合金的最佳放氢温度, 这与合金的热力学性能改变有关, 后面将进行详细讨论。在 ($V_{48}Fe_{12}Ti_{30}Cr_{10}$)$_{100-x}La_x$ ($x=0, 1, 2, 3, 5$) 合金中, 就有效放氢量而言, $x=2$ 是最佳值, 在 295 K 下, La$_2$ 合金的有效放氢量为 1.8% (质量分数), 放氢效率达 58.5%。

吸放氢 PCI 曲线的平台倾斜因子 S_f 随着 La 掺杂量升高逐渐变大, 而吸放氢 PCI 曲线平台滞后 H_f 变化不大，所以，掺杂 La 对合金吸放氢性能的影响是多方面的。从表 6.6 可以看出，随着 La 含量的增加，合金吸放氢平台压先降低后升高。合金的晶格常数越小，平台压越高，所以，合金平台压降低是由于晶格常数变大，之后随着 La 掺杂量的增加，合金主相晶格常数保持不变，但是平台压又逐渐升高。文献[132-133]表明，稀土氢化物在储氢材料的吸放氢过程中有很好的催化作用，由此我们推断，在本研究中掺杂 La 合金平台压的提高是由于 LaH_3 对合金吸放氢催化作用引起的。

为了研究掺杂 La 对合金热力学性能的影响，$(V_{48}Fe_{12}Ti_{30}Cr_{10})_{100-x}La_x$（$x=0, 1, 2, 3, 5$）合金的范特霍夫曲线如图 6.15 所示，可以看出，$(\ln(P_{eq}/P_0)$ vs. $1000/T)$ 具有良好的线性关系。根据 $\ln(P_{eq}/P_0)$ 与 $1000/T$ 拟合曲线的斜率及其在垂直坐标上的截距得到吸放氢焓变和熵变。由图可知，吸放氢过程直线的拟合度 R^2 都达到了 0.996 以上，高拟合度说明计算得到的热力学实验值很精确。

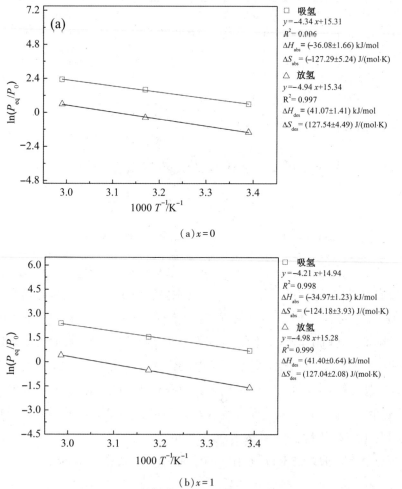

（a）$x=0$

（b）$x=1$

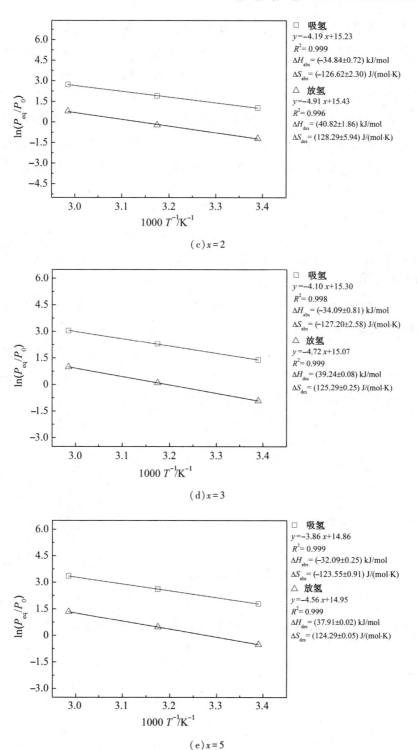

(c) $x=2$

(d) $x=3$

(e) $x=5$

图 6.15 $(V_{48}Fe_{12}Ti_{30}Cr_{10})_{100-x}La_x(x=0,1,2,3,5)$ 合金的范特霍夫曲线

图 6.16 是 $(V_{48}Fe_{12}Ti_{30}Cr_{10})_{100-x}La_x(x=0, 1, 2, 3, 5)$ 合金的吸放氢焓值随掺杂量 x 的变化曲线。可以明显看出，在吸氢过程中，合金吸氢焓 ΔH_{abs} 随着掺杂 La 量的增加而逐渐减小，而熵的变化基本很小。根据公式 $\Delta G=\Delta H-T\Delta S$，在等温条件下，吉布斯自由能也减小，说明掺杂 La 有利于吸氢反应的进行，提高了合金吸氢热力学性能。文献[134]表明 La 在 243~333 K 温度范围内与 H_2 反应的吉布斯自由能小于-85 kJ/mol，文献[135]报道 La 在 298 K 温度下吸氢形成 LaH_2 的吉布斯自由能 ΔG 为-252.2 kJ/mol，以上报道都表明 La 能够很好地自发吸氢，无须提供反应活化能。而 VH_2 在 298 K 温度下吸氢的吉布斯自由能 ΔG 为 2.2 kJ/mol[135]，所以掺杂 La 元素能够提高合金的吸氢性能。在放氢过程中，合金的放氢焓 ΔH_{des} 随着掺杂 La 量的增加先增加后逐渐减小，熵的变化也基本很小。La_1 合金氢化物放氢焓最大，为 41.40±0.60 kJ/mol，高于母合金氢化物的 41.07±1.41 kJ/mol，这是由于掺杂 La 固溶于合金中，增大了合金主相 BCC 的晶格常数，晶格常数增大导致间隙位置体积增大，为氢原子提供了更多的间隙位置，致使形成的氢化物更加稳定。随着掺杂量的增加，氢化物分解焓逐渐减小，这是由于过量的 La 吸氢形成了稀土氢化物，稀土氢化物能显著提高合金的反应表面积，降低氢原子的扩散长度[136]。此外，合金的放氢反应焓相应地大于其吸氢反应焓，说明合金吸氢比放氢更容易。

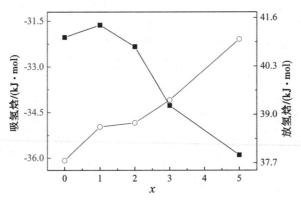

图 6.16　$(V_{48}Fe_{12}Ti_{30}Cr_{10})_{100-x}La_x(x=0, 1, 2, 3, 5)$ 合金的吸放氢焓值随 x 变化曲线

6.5 循环稳定性

为研究掺杂 La 对 $(V_{48}Fe_{12}Ti_{30}Cr_{10})_{100-x}La_x(x=0，1，2，3，5)$ 合金循环性能的影响，选择有效放氢量最高的 La_2 合金作为掺杂 La 合金的代表与母合金进行了循环性能测试。图 6.17 是在 295 K 时，20 次循环的吸氢动力学曲线，其中小图是完成最大吸氢量 90% 所用时间 t_{90} 随循环次数变化曲线。从图 6.17 可以看出，母合金随着吸放氢循环的进行，t_{90} 逐渐变小，说明吸氢动力学性能随着循环次数的增加逐渐提高，而 La_2 合金随着吸放氢循环的进行，t_{90} 没有明显变小的趋势。合金吸氢过程中晶格膨胀，放氢过程中晶格收缩，晶格由于膨胀收缩产生应变，一定程度上会导致合金产生裂纹，产生新鲜表面，为氢原子扩散提供更多通道。图 6.18 是母合金和 La_2 合金循环前和 20 次循环后的颗粒形貌图。可以看出，母合金在循环 20 次以后，合金颗粒明显存在大量裂纹，而 La_2 合金循环 20 次以后，没有出现明显裂纹，所以母合金吸氢动力学经过吸放氢循环后逐渐提高，而 La_2 合金吸氢动力学没有明显变化。

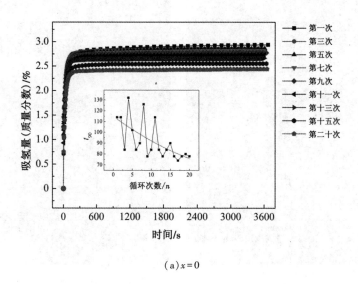

(a)$x=0$

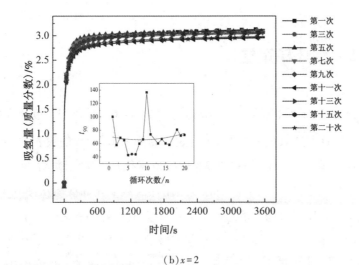

（b）x = 2

图 6.17 （$V_{48}Fe_{12}Ti_{30}Cr_{10}$）$_{100-x}La_x$ 合金在 295 K 时不同循环次数的吸氢动力学曲线

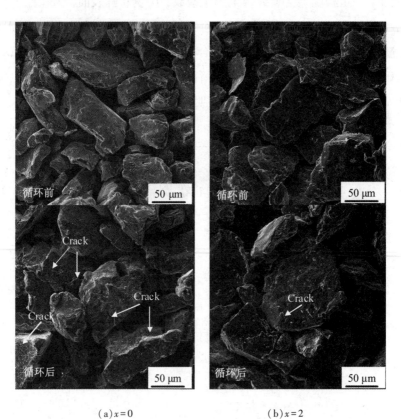

（a）x = 0 　　　　　　　　　（b）x = 2

图 6.18 （$V_{48}Fe_{12}Ti_{30}Cr_{10}$）$_{100-x}La_x$ 合金循环前后的颗粒形貌

图6.19是两种合金在295 K下吸氢量随吸放氢循环次数变化曲线,其结果列于表6.7中。两种合金在经历了吸放氢循环后,吸氢量都有不同程度的衰减。循环20次后,母合金的吸氢量从2.94%衰减到2.55%(质量分数),容量保持率为86.7%;La_2合金的吸氢量从3.13%衰减到2.96%(质量分数),容量保持率为94.6%。由此可见,掺杂 La 对合金的短期循环稳定性有明显提高。

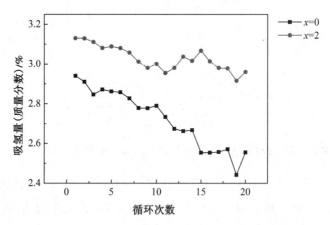

图6.19 吸氢量随循环次数变化曲线

表6.7 $(V_{48}Fe_{12}Ti_{30}Cr_{10})_{100-x}La_x$ 合金不同循环次数的吸氢量

样品	吸氢量(质量分数)/%				容量保持率/%
	第一次	第五次	第十次	第二十次	
$x=0$	2.94	2.86	2.79	2.55	86.7
$x=2$	3.13	3.09	3.00	2.96	94.6

合金容量衰减的原因很多。一般认为,主要有以下几方面。第一,合金颗粒在循环过程中粉化[137];第二,氢气中的杂质毒化了合金[72];第三,在吸放氢过程中产生稳定的氢化物合金相,降低了吸氢相丰度[73]。在本书中,所用氢气为99.99%的高纯氢,所以不存在气体毒化因素。为了明确掺杂 La 提高合金循环稳定性的原因,首先对合金粒度进行了分析。图6.20是母合金和La_2合金吸放氢循环前后合金颗粒的粒径分布曲线。通过粒度分析后发现,两种合金在吸放氢循环前后的粒径是基本一致的,没有明显变小。这就说明,掺杂 La 提高合金循环稳定性的原因与抗粉化无关。

图6.21是循环前和20次循环后两种合金的 XRD 图谱。通过对物相分析后发现,母合金在循环后没有形成其他相,不存在稳定的氢化物相。La_2合金在

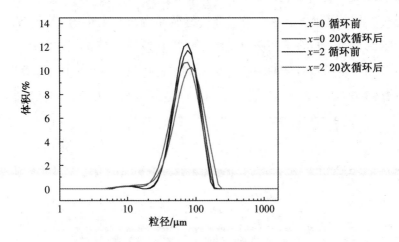

图 6.20 循环前后 ($V_{48}Fe_{12}Ti_{30}Cr_{10}$)$_{100-x}La_x$合金粉末的粒度

循环后, Laves 相的衍射峰相对强度略有增加, 此外也没有发现稳定的氢化物相。钒基合金吸氢容量主要与主相 BCC 的晶格常数及相丰度有关。对两种合金循环后的 XRD 图谱精修计算后发现, 母合金循环前后的 BCC 相丰度(质量分数)分别为 93.66% 和 92.98%, 晶格常数分别为 0.3038, 0.3039 nm; La$_2$合金循环前后的 BCC 相丰度(质量分数)分别为 92.46% 和 90.50%, 晶格常数分别为 0.3043, 0.3042 nm。显然, 掺杂 La 提高合金循环性能与合金在循环过程中相变化等因素无关。

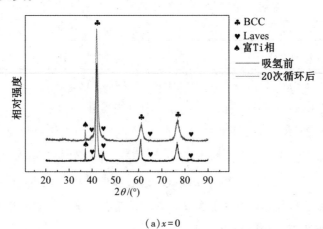

(a)$x=0$

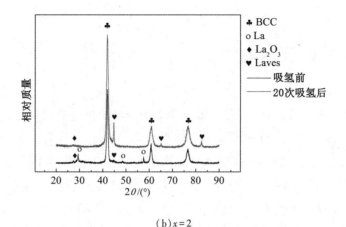

（b）$x=2$

图 6.21　吸放氢循环前后（$V_{48}Fe_{12}Ti_{30}Cr_{10}$）$_{100-x}La_x$ 合金的 XRD 图谱

从图 6.21 可以发现，循环后合金主相的 XRD 衍射峰较循环前明显宽化。将循环前后的两种合金在 42°附近的衍射峰的半峰全宽（FWHM）列于表 6.8。根据 Scherrer 公式：

$$D=k\lambda/\beta\cos\theta \tag{6.1}$$

式中，D 为晶粒垂直于晶面方向的晶粒尺寸，nm；k 为 Scherrer 常数，其值为 0.89；λ 为 X 射线波长，为 0.154178 nm；β 为半峰全宽，单位弧度；θ 为衍射角，单位弧度。半峰全宽能够反映晶粒度及晶格畸变程度。两种合金的半峰全宽随着吸放氢循环变大，说明合金的晶粒逐渐减小或者是晶格畸变程度增加。对比发现，两种合金在 20 次循环后，衍射峰半峰全宽的增加程度（ΔFWHM）不同，母合金的衍射峰半峰全宽增加较多，晶粒度减小较多，循环后晶格畸变程度更严重。所以，两种合金容量的衰减是由于循环过程中产生了晶格畸变的原因，而掺杂 La 能够明显降低合金晶格畸变的程度，有利于提高合金的循环稳定性。

表 6.8　（$V_{48}Fe_{12}Ti_{30}Cr_{10}$）$_{100-x}La_x$ 合金中 BCC 相半峰全宽

样品	循环次数 $n/$	半峰宽/(°)	半峰宽差/(°)
$x=0$	0	0.332	0.217
	20	0.549	
$x=2$	0	0.316	0.130
	20	0.446	

6.6 放氢活化能

为了进一步研究掺杂 La 对合金在非等温条件下放氢性能的影响，对完全饱和吸氢后的合金粉进行 DSC 测试，如图 6.22 所示，其中 T_p 是吸热峰的峰值温度。从图中可以看出，与母合金 DSC 曲线只有一个吸热峰不同，掺杂 La 的合金放氢 DSC 曲线有两个吸热峰。第一个峰与母合金的吸热峰对应，但是吸热峰明显宽化，峰形不够光滑，且峰值温度比母合金的峰值温度高了很多，这说明第一个峰是多个吸热放氢反应峰的叠加，既有二氢化物分解放氢也有稀土氢化物分解放氢。

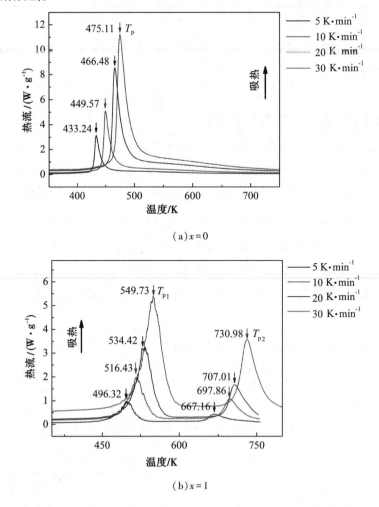

（a）$x = 0$

（b）$x = 1$

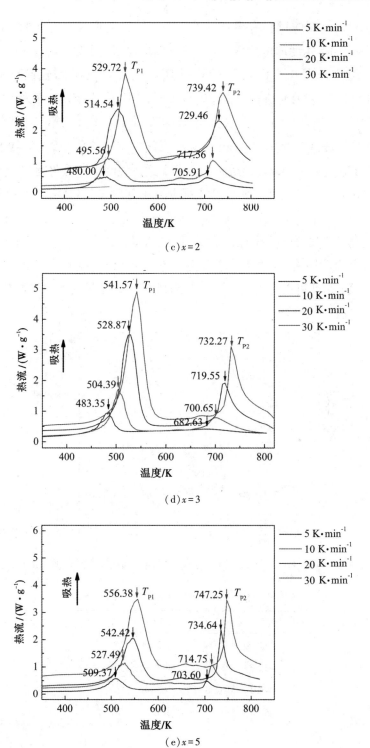

（c）$x=2$

（d）$x=3$

（e）$x=5$

图 6.22 （$V_{48}Fe_{12}Ti_{30}Cr_{10}$）$_{100-x}La_x$（$x=0$，1，2，3，5）合金的放氢 DSC 曲线

为了对放氢反应过程有更详细的了解，对完全吸氢至饱和的 La$_5$ 合金以 30 K/min 的加热速度加热至第一个吸热峰结束温度，并对加热后的样品进行物相分析。图 6.23 是加热后样品的 XRD 图谱，结合 La$_5$ 合金吸氢饱和后的 XRD 图谱（图 6.14），对物相进行分析。结果表明，VH$_2$ 一部分分解变为 V$_2$H，另一部分分解变为 VH$_{0.81}$；稀土氢化物 LaH$_3$ 分解变成了 LaH$_{2.43}$。第二个吸热峰放氢温度非常高，峰值温度 T_{P2} 与 Yartys 等[138]研究 RE-H 系统放氢的结果基本一致，代表了在高温下 LaH$_{2.43}$ 完全分解放氢，这也说明了镧氢化物的热力学稳定性非常高。综上所述，第一个吸热峰对应的放氢反应是 VH$_2 \rightarrow$ V$_2$H+VH$_{0.81}$+H$_2$ 和 LaH$_3 \rightarrow$ LaH$_{2.43}$+H$_2$；第二个吸热峰对应的反应是 LaH$_{2.43} \rightarrow$ La+H$_2$。表 6.9 列出了合金的放氢温度，可以看出，在每一加热速率下，合金各曲线的第一个吸热峰起始放氢温度随着 La 含量的增加而先增加后逐渐降低。放氢温度与氢化物稳定性相关，由此可以看出，氢化物稳定性随着 La 含量的增加先增加后减小，这与放氢焓变化结论是一致的。

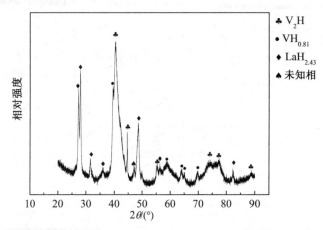

♣ V$_2$H
● VH$_{0.81}$
♦ LaH$_{2.43}$
♠ 未知相

图 6.23 （V$_{48}$Fe$_{12}$Ti$_{30}$Cr$_{10}$）$_{95}$La$_5$ 合金吸氢饱和加热至 620 K 的 XRD 图谱

表 6.9 DSC 测试下的放氢温度和放氢活化能

样品	升温速率/(K·min^{-1})	放氢温度范围/K	峰值温度/K	放氢表观活化能/(kJ·mol^{-1})
	5	421.90~467.00	433.24	
	10	432.30~493.00	449.57	
$x=0$	20	444.10~513.50	466.48	65.22
	30	458.10~532.80	475.11	

表6.9(续)

样品	升温速率/(K·min⁻¹)	放氢温度范围/K	峰值温度/K	放氢表观活化能/(kJ·mol⁻¹)
	5	424.34~556.66	496.32	
$x=1$	10	439.83~579.98	527.49	68.77
	20	449.19~593.59	542.42	
	30	459.43~609.97	556.38	
	5	406.66~546.12	480.00	
$x=2$	10	426.66~550.87	495.56	68.09
	20	442.75~574.51	514.54	
	30	450.30~585.98	529.72	
	5	404.29~527.73	483.35	
$x=3$	10	408.68~556.52	504.39	57.70
	20	417.99~584.02	528.87	
	30	437.01~604.86	541.57	
	5	400.08~575.49	509.37	
$x=5$	10	405.68~585.98	527.49	72.41
	20	411.42~608.64	542.42	
	30	429.46~620.11	556.38	

由前面章节可知,DSC 曲线的峰值温度作为加热速率的函数可用于测定放氢表观活化能(E_A^{des}),根据 DSC 结果和式(1.10)可以得到 Kissinger 曲线,合金第一个放氢峰对应的 Kissinger 曲线如图 6.24 所示,E_A^{des} 由拟合直线的斜率计算得到。母合金和掺杂 La 合金的放氢表观活化能列入表 6.9 中。根据计算结果可以看出,除了 La_3 合金的 E_A^{des} 小于母合金外,其他掺杂 La 合金的 E_A^{des} 都比母合金的大。放氢表观活化能的大小代表着放氢需要克服的动力学能垒大小,是储氢材料动力学性能的主要参数,储氢材料的 E_A^{des} 越小,则其在达到放氢条件时的放氢速度越快。因此,就放氢动力学性能而言,La_3 合金是最好的,这一结果与 6.3 节中等温条件下放氢动力学的研究结果是一致的。

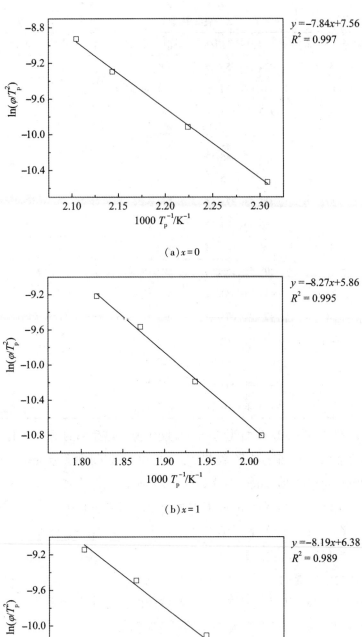

$y = -7.84x + 7.56$
$R^2 = 0.997$

（a）$x = 0$

$y = -8.27x + 5.86$
$R^2 = 0.995$

（b）$x = 1$

$y = -8.19x + 6.38$
$R^2 = 0.989$

（c）$x = 2$

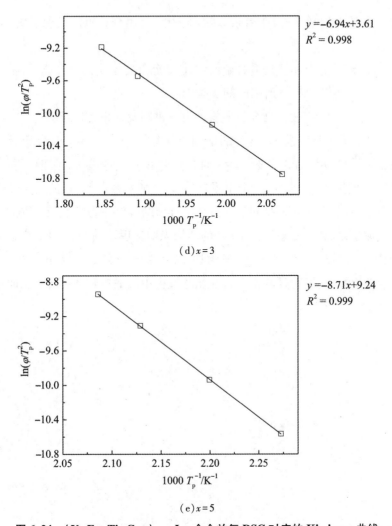

（d）$x = 3$

（e）$x = 5$

图 6.24 （$V_{48}Fe_{12}Ti_{30}Cr_{10}$）$_{100-x}La_x$ 合金放氢 DSC 对应的 Kissinger 曲线

6.7 本章小结

本章对第 3 章中综合储氢性能最佳的合金 $V_{48}Fe_{12}Ti_{15}Cr_{25}$ 进行 La 掺杂，研究掺杂 La 对（$V_{48}Fe_{12}Ti_{30}Cr_{10}$）$_{100-x}La_x$（$x = 0$，1，2，3，5）合金的微观结构、相组成及吸放氢性能的影响。得出以下结论。

（1）合金掺杂 La 后，主相 BCC 的晶格常数变大，但是没有随着掺杂量的增大而逐渐增大。掺杂 La 的合金中有四种相存在，除 BCC 相和 Laves 相以外，母合金中存在的少量富 Ti 相在掺杂 La 合金中没有出现,而是出现了纯 La 相和 La_2O_3 相。

(2)掺杂 La 能够明显提升合金的活化性能和吸氢动力学性能。掺杂 La 合金吸氢达到饱和量的 90% 所需时间少于 100 s。

(3)掺杂 La 没有改变合金吸放氢动力学机制及速率控制步骤。

(4)合金吸氢量随着 La 含量的增加先增加后减小,$x=1$ 时合金吸氢量最大,室温下质量分数为 3.18%;$x=2$ 时合金有效放氢量最大,室温下质量分数为 1.83%,放氢率为 58.5%。合金吸氢焓 ΔH_{abs} 随着掺杂 La 量的增加而逐渐减小,掺杂 La 有利于吸氢反应进行,提高了合金的吸氢热力学性能。在放氢过程中,合金放氢焓 ΔH_{des} 随着掺杂 La 量的增加先增加后逐渐减小,La_1 合金的氢化物放氢焓最大,随着掺杂 La 量继续增加,氢化物分解焓逐渐减小。

(5)掺杂 La 能够明显降低合金在循环过程中的晶格畸变程度,从而提高合金吸放氢循环稳定性。

第 7 章　掺杂 Ce，Y，Sc 对 $V_{48}Fe_{12}Ti_{30}Cr_{10}$ 合金组织及储氢性能影响

不同稀土元素在原子量、原子半径、电子浓度等方面存在差异。Ce 作为一种稀土元素在储氢合金中也有广泛应用[6-7, 65, 129, 139]。与 La 相比，Ce 多了一个价电子。金属元素价电子会影响费米能级的大小，从而影响储氢合金的吸放氢量和热力学性能[103]。所以研究掺杂 Ce 对 BCC 固溶体合金储氢性能的影响很有必要。除 La，Ce 以外，稀土 Y 对储氢合金也有重要应用[8, 29, 140-141]。与 La，Ce 相比，Y 相对原子质量不到 La，Ce 的 2/3，在相同物质的量下具有明显的质量优势。Sc 是最轻的过渡族稀土元素，在元素周期表中紧邻 Ti 元素，原子半径大于 V，Ti，但是原子量又小于 V，Ti，与 Ti，V 具有类似的氢化反应性质，与氢气反应形成具有 CaF_2 晶体结构的 ScH_2，吸氢量高达 4.3(质量分数)，但目前鲜有 Sc 对 Ti-V 基合金储氢性能影响研究的报道。综上所述，研究 Ce，Y，Sc 对 Ti-V 基合金储氢性能的影响具有重要意义。

第 6 章研究了掺杂 La 对 $(V_{48}Fe_{12}Ti_{30}Cr_{10})_{100-x}La_x(x=0，1，2，3，5)$ 合金组织结构和吸放氢性能的影响，得到一些有意义的结论。其中 $x=2$ 对应合金的综合性能最佳。为了对比研究 La，Ce，Y，Sc 四种不同稀土元素对 Ti-V 基合金储氢性能影响，本章研究 $(V_{48}Fe_{12}Ti_{30}Cr_{10})_{98}RE_2(RE=La，Ce，Y，Sc)$ 合金的组织结构及储氢性能。

7.1　合金的微观结构

合金 $(V_{48}Fe_{12}Ti_{30}Cr_{10})_{98}RE_2(RE=La，Ce，Y，Sc)$ 的 X 射线衍射图谱如图 7.1(a)所示。首先，从图谱中可看出，掺杂 La，Ce，Y，Sc 四种稀土元素对 BCC 相主峰的强度、峰宽影响不明显，只是掺杂 Ce，Y，Sc 的三种合金的 BCC

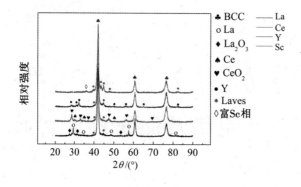

(a) $2\theta = 20° \sim 90°$

(b) $2\theta = 40° \sim 45°$

图 7.1 （$V_{48}Fe_{12}Ti_{30}Cr_{10}$）$_{98}RE_2$（RE＝La，Ce，Y，Sc）合金 XRD 图谱

相主峰位置与掺杂 La 合金相比向左大约偏移 0.1°，如图 7.1（b）所示（为方便叙述，在文中用 A_{La}，A_{Ce}，A_Y 和 A_{Sc} 分别代表掺杂 La，Ce，Y 和 Sc 四种合金）。其次，在 XRD 图谱中，四种合金在其他位置上出现了一些低强度的额外峰。为从 XRD 数据中获取更详细的信息，采用 Rietveld 结构精修方法对 X 射线衍射图谱进行精修计算，图 7.2 是合金（$V_{48}Fe_{12}Ti_{30}Cr_{10}$）$_{98}RE_2$ 的 Rietveld 结构精修图谱，精修得到的晶胞常数、相丰度等数据列于表 7.1 中。A_{La} 合金主相 BCC 的晶格常数为 0.3043 nm，而 A_{Ce}，A_Y 和 A_{Sc} 合金主相 BCC 的晶格常数均略微变大，分别为 0.3047，0.3048，0.3047 nm，这就是 BCC 主峰位置向左偏移的原因。对 XRD 图谱分析结果表明，四种合金中都有 BCC 相及少量的 Laves 相；此外，A_{La} 合金中存在少量纯 La 相和 La_2O_3 相；A_{Ce} 合金中存在少量纯 Ce 相和 CeO_2 相；A_Y 合金中没有发现稀土氧化物相，只有纯 Y 相；A_{Sc} 合金样品中也没有发现稀土氧化物相，而是发现了富 Sc 相。在 A_{La} 和 A_{Ce} 合金中检测到了稀土氧化物，而 A_Y 和 A_{Sc} 合金中没有检测到稀土氧化物相，这是由于 Y 和 Sc 的电负性比 La 和 Ce 要大（χ_{La}：1.1，χ_{Ce}：1.12，χ_Y：1.22，χ_{Sc}：1.36），相对而言与氧的亲和力小，不易氧化。在第 6 章中指出，稀土氧化物一部分是在合金制备过程中生成，另一部分是合金铸锭破碎制粉过程中氧化所致。合金中纯稀土相的存在，说明在合金中掺杂原子分数为 2% 的 La，Ce，Y 和 Sc 都已经超过了固溶度。在第 6 章中指出，La 在 V-Ti 合金中的固溶度小于 1%（原子分数），同样根据相图计算可知 Ce 在 V-Ti 合金中固溶度小于 0.4%（原子分数），Y 在 V-Ti 合金中的固溶度小于 0.2%（原子分数），Sc 在钒中固溶度几乎为零，而 Sc 在 Ti 中或者 Ti 在 Sc 中有较大固溶度[142]。

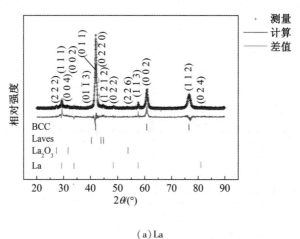

（a）La

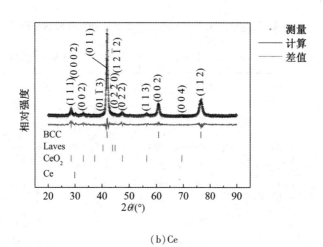

（b）Ce

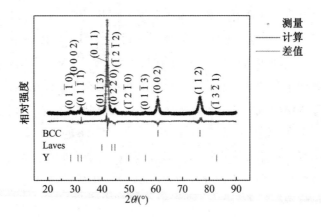

(c)Y

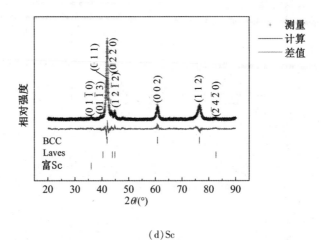

(d)Sc

图 7.2 （$V_{48}Fe_{12}Ti_{30}Cr_{10}$）$_{98}RE_2$合金的 Rietveld 精修图谱

表 7.1 （$V_{48}Fe_{12}Ti_{30}Cr_{10}$）$_{98}RE_2$（RE＝La，Ce，Y，Sc）合金的各相晶胞常数及相对含量

样品	相	空间群	晶格参数		丰度(质量分数)/%
			a/nm	c/nm	
A_{La}	BCC	Im-3m(229)	0.3043	—	92.16
	Laves	P63-mcc(194)	0.4838	0.7945	4.43
	La	Fm-3m(225)	0.5294	—	2.18
	La_2O_3	IA-3(206)	0.11286	—	1.22
A_{Ce}	BCC	Im-3m(229)	0.3047	—	92.23
	Laves	P63-mcc(194)	0.4828	0.7924	3.59
	α-Ce	P63-mcc(194)	0.3932	0.6182	0.50
	CeO_2	Fm-3m(225)	0.5409	—	3.68

表7.1(续)

样品	相	空间群	晶格参数		丰度(质量分数)/%
			a/nm	c/nm	
A_Y	BCC	Im-3m(229)	0.3048	—	95.97
	Laves	P63-mcc(194)	0.4825	0.8033	2.10
	α-Y	P63-mcc(194)	0.3648	5.744	1.93
A_Sc	BCC	Im-3m(229)	0.3047	—	82.16
	Laves	P63-mcc(194)	0.4828	0.8139	15.11
	富Sc	P63-mcc(194)	0.3264	0.5280	2.73

图 7.3 是($V_{48}Fe_{12}Ti_{30}Cr_{10}$)$_{98}$RE₂(RE=La，Ce，Y，Sc)合金的扫描电镜背散射电子像。四种合金的背散射电子像中均明显有不同颜色衬度的区域，分别代表不同的相。图 7.4 是四种合金背散射电子像中不同区域的成分能谱曲线，可以明显看出背散射像中不同颜色区域的元素组成及含量比例明显不同，表 7.2 列出合金的各相元素比例。EDS 分析表明，在 A_{La} 和 A_{Ce} 合金背散射电子像中，深灰色是主相 BCC，黑色区域是 Laves 相，而在亮白色区域虽然颜色衬度一致，但是能谱分析结果表明，一部分是纯稀土相，一部分区域是稀土氧化物相，这与 XRD 检测结果一致。原因是稀土 La，Ce 的相对原子质量与氧相对原子质量相比非常大，导致在背散射电子像中颜色衬度上均显示为亮白色。在 A_Y 合金背散射电子像中，深灰色是主相 BCC，白灰色区域是 Laves 相，亮白色区域是纯 Y 相；在 A_{Sc} 合金背散射电子像中，深灰色是主相 BCC，白灰色区域是 Laves 相，黑色区域是富 Sc 相。不同合金中的 Laves 相在背散射电子像中呈的颜色衬度有一定区别，正如第 6 章所述，这是由于 Laves 相元素组成范围宽导致的。需要指出的是，EDS 分析结果表明，在四种合金的 BCC 主相中没有发现稀土元素，进一步说明四种稀土元素在以 V 元素为主的 BCC 结构合金中固溶度很小。BCC 主相都由 V，Ti，Cr，Fe 四种元素组成，不同合金中四种元素的组成比例存在一定差别。不同元素的原子半径明显不同(Ti：147 pm，V：134 pm，Cr：128 pm，Fe：126 pm)，组成比例不同会导致 BCC 主相的晶格常数不同，经过计算发现，A_{La}，A_{Ce}，A_Y 和 A_{Sc} 四种合金的 BCC 主相平均原子半径分别为 136.55，136.94，137.52，136.91 pm，这就是 A_{Ce}，A_Y 和 A_{Sc} 三种合金主相晶格常数略大于 A_{La} 合金的原因。在 A_{La}，A_{Ce}，A_Y 三种合金的 Laves 相中也没有发现稀土元素，说明 La，Ce，Y 三种稀土元素在以 Ti 元素为主的六方结构合金中固溶度也很小。在 S_{Sc} 合金的 Laves 相中包含大约原子分数为 4% 的 Sc 元素，同时富 Sc 相由 Sc，Ti 和 Fe 三种元素组成，其中 Sc，Ti 和 Fe 的原子数分数分别为

79. 60%, 18. 14%和 2. 26%, 仍然是 α‐Sc 的晶体结构, 为六方密排晶格。Wang[143] 的研究结果表明, Ti 在 α‐Sc 中快速凝固后, 固溶度可以达到 41%(原子数分数), 在本书研究中, 合金没有进行快速凝固, 只是随炉体自然冷却, 但是结果仍然表明 Sc 与 Ti 能形成广范围的固溶体[144], 同时也说明, V, Cr 元素在 Sc 中固溶度很小。

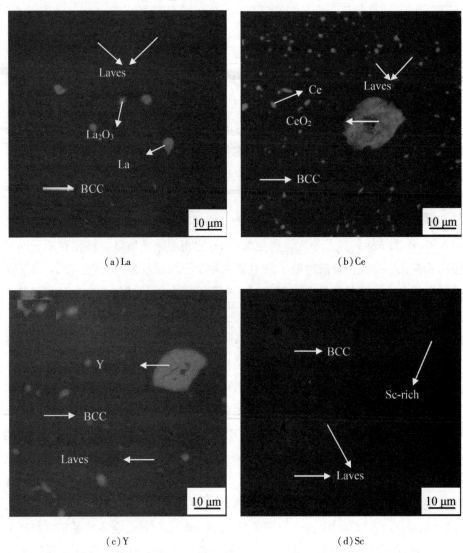

(a)La

(b)Ce

(c)Y

(d)Sc

图 7.3 $(V_{48}Fe_{12}Ti_{30}Cr_{10})_{98}RE_2(RE=La, Ce, Y, Sc)$合金背散射电子像

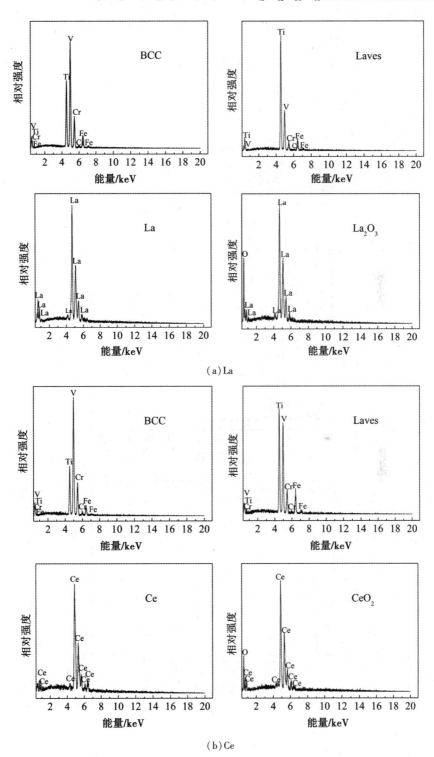

（a）La

（b）Ce

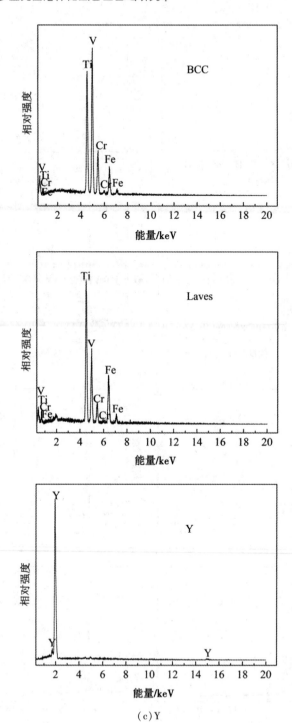

（c）Y

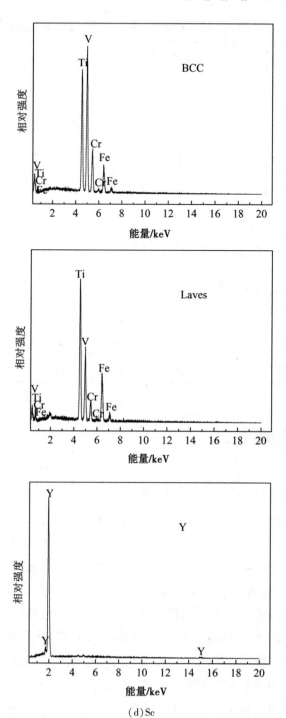

(d) Sc

图 7.4 （$V_{48}Fe_{12}Ti_{30}Cr_{10}$）$_{98}RE_2$（RE=La，Ce，Y，Sc）合金 BSE 像中不同区域的 EDS 谱线

表 7.2 $(V_{48}Fe_{12}Ti_{30}Cr_{10})_{98}RE_2(RE=La, Ce, Y, Sc)$ 合金不同相的能谱定量结果

样品	相	V	Ti	Cr	Fe	RE	O
S_{La}	BCC	54.77	28.78	6.27	10.18	—	—
	Laves	26.02	58.20	3.99	11.79	—	—
	La	0	0	0	0	100.00	—
	La_2O_3	—	—	—	—	26.22	73.78
S_{Ce}	BCC	50.68	31.96	8.90	8.46	—	—
	Laves	33.70	46.61	5.56	14.12	—	—
	Ce	—	—	—	—	100.00	—
	CeO_2	—	—	—	—	50.43	49.57
S_Y	BCC	40.61	38.56	7.96	12.88	—	—
	Laves	24.88	40.12	7.86	27.14	—	—
	Y	—	—	—	—	100.00	—
S_{Sc}	BCC	49.33	32.44	7.67	10.36	—	—
	Laves	24.03	39.34	5.71	26.87	4.05	—
	Sc-rich	—	18.14	—	2.26	79.60	—

◤◤ 7.2 吸氢动力学

图 7.5 是 $(V_{48}Fe_{12}Ti_{30}Cr_{10})_{98}RE_2(RE=La, Ce, Y, Sc)$ 合金在 295 K 温度下，初始氢气压力 5 MPa 下的吸氢活化曲线。由图可以看出，掺杂 La，Ce，Y，Sc 对合金的活化性能影响没有明显区别，四种合金都表现出非常优异的活化性能，在预处理后一次吸氢就能达到吸氢容量的最大值。分析有两个原因：首先，掺杂的 Ce，Y 和 Sc 在合金中与掺杂 La 一样，均匀分布在合金的整个区域，起到界面效应。合金都是由多相结构组成，合金中的杂相精细分散在合金主相 BCC 基体中，从而产生高密度界面。关于晶界对氢扩散的影响，Pressouyre[145] 和 Asaoka[146] 研究结果表明晶界是氢原子扩散的氢陷阱，它能吸引并捕获氢。也有人认为氢沿晶界扩散速度较晶格内快，并且实验已证实[147]。所以，相界面的增多为氢扩散提供了更多更快的通道。其次，稀土元素比较活跃，会改变某些元素的价态，有助于改善合金的活化性能。从图 7.5 中也可以看出，四种合金在 295 K 温度下表现出优异的动力学性能，下面对吸氢动力学性能进行详细研究。

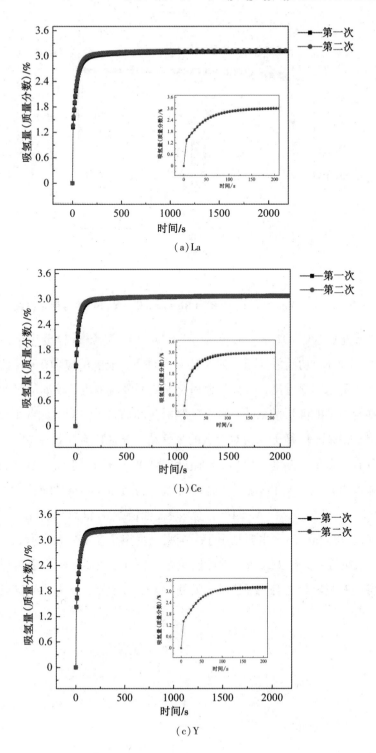

（a）La

（b）Ce

（c）Y

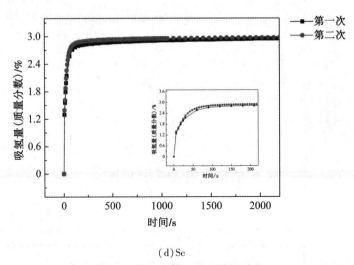

（d）Sc

图 7.5　（$V_{48}Fe_{12}Ti_{30}Cr_{10}$）$_{98}RE_2$（RE＝La，Ce，Y，Sc）合金活化曲线

图 7.6 是（$V_{48}Fe_{12}Ti_{30}Cr_{10}$）$_{98}RE_2$（RE＝La，Ce，Y，Sc）合金完全活化后在 295，315，335 K，初始氢气压力为 5 MPa 条件下，吸氢反应前 160 s 的吸氢动力学曲线。可以明显看出，所有合金都有很快的吸氢速度，较高的吸氢速度显示出氢在合金中的高扩散系数。合金的吸氢量和动力学性能均随着工作温度上升而下降。掺杂不同稀土元素对合金的吸氢动力学性能有明显影响，表 7.3 列出了四种合金在不同温度下吸氢达到饱和量 90% 所需时间 t_{90}。通过表中数据可以明显看出，A_{Ce}，A_Y 和 A_{Sc} 三种合金均比 A_{La} 合金的动力学性能好，例如，在 295 K 下，A_{La}，A_{Ce}，A_Y 和 A_{Sc} 四种合金吸氢达到最大容量 90% 所用的时间分别为 100，63，78，60 s。这主要是由于合金吸氢主相晶格常数大小所致。晶格常数越大，氢扩散系数越大，动力学性能越好。另外，从图 7.6 中还可以看出掺杂不同稀土对吸氢量也有明显影响，吸氢量大小顺序为 A_Y＞A_{Ce}＞A_{La}＞A_{Sc}。

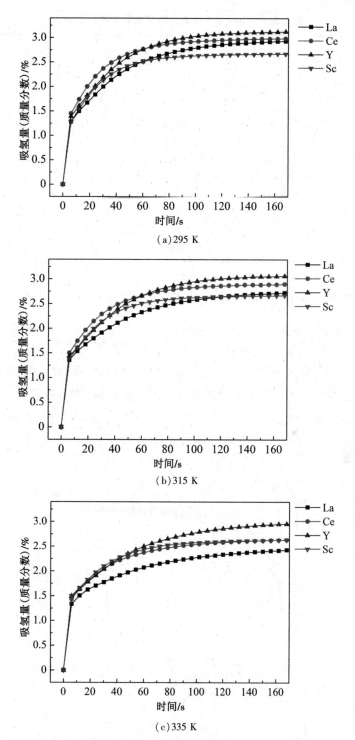

(a) 295 K

(b) 315 K

(c) 335 K

图 7.6 $(V_{48}Fe_{12}Ti_{30}Cr_{10})_{98}RE_2(RE=La, Ce, Y, Sc)$ 合金吸氢动力学曲线

表 7.3 不同温度下完成饱和吸氢量 90% 所需时间

样品	温度/K	$t_{90\%}$/s
A_{La}	295	100
	315	114
	335	168
A_{Ce}	295	63
	315	66
	335	102
A_Y	295	78
	315	84
	335	108
A_{Sc}	295	60
	315	62
	335	64

为了进一步研究掺杂不同稀土元素对合金吸氢动力学机制的影响，用分析速率表达式拟合不同温度下等温吸氢反应分数 $\alpha(t)$，从而确定内在的反应机制与速率限制步骤。图 7.7 是合金在不同工作温度下前 200 s 的等温吸氢反应分数随时间的变化曲线。可以看出，A_{Ce}，A_Y，A_{Sc} 合金吸氢反应分数 α 比 A_{La} 合金要快。例如，在 335 K 下，吸氢时间为第 200 s 时，A_{Sc}，A_Y，A_{Ce} 和 A_{La} 合金的 α 值分别为 0.97，0.95，0.93，0.91。

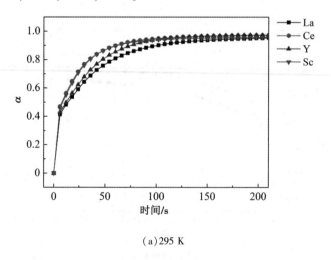

(a) 295 K

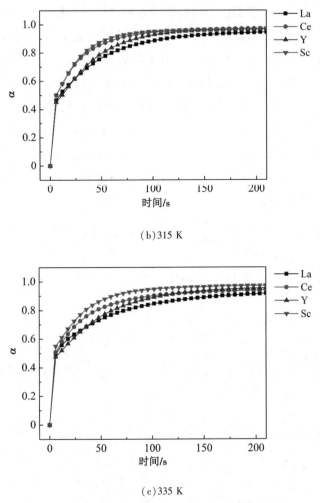

(b)315 K

(c)335 K

图 7.7 (V₄₈Fe₁₂Ti₃₀Cr₁₀)₉₈RE₂(RE=La，Ce，Y，Sc)合金吸氢反应分数曲线

图 7.8 是(V₄₈Fe₁₂Ti₃₀Cr₁₀)₉₈RE₂(RE=La，Ce，Y，Sc)合金吸氢反应过程动力学机制模型拟合曲线。掺杂不同稀土没有改变合金吸氢反应动力学机制及速率控制步骤，反应过程第一阶段仍然是形核长大机制$(-\ln(1-\alpha))^n=kt(n=3/2$，$2)$，第一阶段完成之后转变为第二阶段的三维扩散 G-B 模型机制$(1-2\alpha/3)-(1-\alpha)^{2/3}=kt$。表 7.4 列出了不同温度下合金吸氢不同阶段的动力学模型参数。对比研究结果发现，在 295 K 温度下，A_{Ce}，A_Y，A_{Sc} 合金各个阶段的吸氢反应速率都比 A_{La} 合金大。例如，在第一阶段，S_{La} 合金的反应速率 k_1 为 0.0340 s⁻¹，A_{Ce}，A_Y，A_{Sc} 三种合金反应速率 k_1 分别为 0.05658，0.04499，0.05525 s⁻¹。前文的分析结果表明，反应速率与合金中氢扩散系数有关。根据式(3.5)可以计算

氢原子在合金中的扩散系数。为计算吸氢过程氢原子扩散系数,对完全活化后的合金粉进行粒度分析,如图 7.9(a) 所示,四种合金的粒度分别为 76,85,97,87 μm。图 7.9(b) 是合金中氢原子扩散系数随反应时间变化曲线。可以看出,掺杂 Ce,Y,Sc 的合金,扩散系数均略微大于掺杂 La 的合金。例如,在反应 90 s 时,A_{La},A_{Ce},A_Y,A_{Sc} 四种合金中氢原子的扩散系数分别为 2.69×10^{-8},4.87×10^{-8},5.56×10^{-8},4.60×10^{-8} cm²/s。这主要是由于合金主相晶格常数差异导致的,通过 7.1 节可知,A_{La},A_{Ce},A_Y 和 A_{Sc} 四种合金的主相晶格参数分别为 0.3043,0.3047,0.3048,0.3047 nm,由此可以看出,晶格常数越大,氢扩散速率越快,反应就越快。

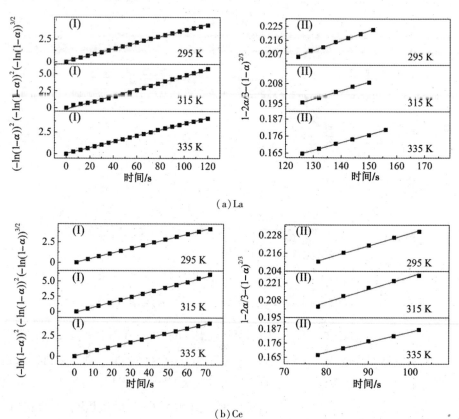

(a) La

(b) Ce

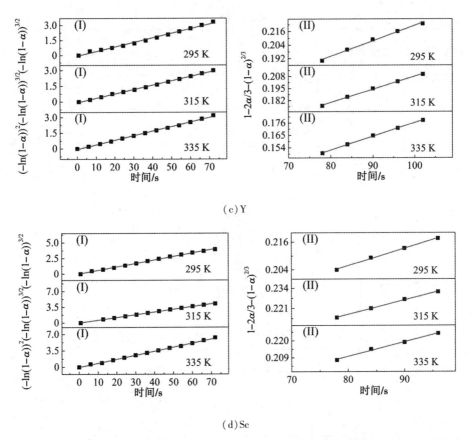

图 7.8 （V₄₈Fe₁₂Ti₃₀Cr₁₀）₉₈RE₂（RE＝La，Ce，Y，Sc）合金吸氢反应动力学机制模型

表 7.4 （V₄₈Fe₁₂Ti₃₀Cr₁₀）₉₈RE₂（RE＝La，Ce，Y，Sc）合金吸氢不同阶段的反应速率常数

样品	温度/K	第一阶段			第二阶段		
		k_1/s^{-1}	R^2	t/s	k_2/s^{-1}	R^2	t/s
A_{La}	295	0.0340	0.998	120	$4.85×10^{-4}$	0.996	162
	315	0.04826	0.995	120	$5.51×10^{-4}$	0.994	150
	335	0.03391	0.998	120	$5.09×10^{-4}$	0.998	156
A_{Ce}	295	0.05658	0.999	72	$8.44×10^{-4}$	0.994	102
	315	0.0821	0.996	72	0.00108	0.985	96
	335	0.05501	0.998	72	$7.93×10^{-4}$	0.996	108
A_Y	295	0.04499	0.992	72	0.00145	0.993	96
	315	0.04136	0.998	72	0.00141	0.996	102
	335	0.04383	0.998	72	0.00121	0.998	102

表7.4(续)

样品	温度/K	第一阶段			第二阶段		
		k_1/s^{-1}	R^2	t/s	k_2/s^{-1}	R^2	t/s
A_{Sc}	295	0.05525	0.998	72	7.50×10^{-4}	0.995	96
	315	0.05876	0.998	78	9.29×10^{-4}	0.997	96
	335	0.08544	0.997	72	9.39×10^{-4}	0.989	96

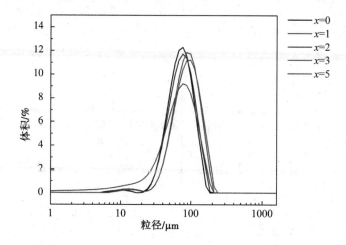

(a)粒度分布曲线

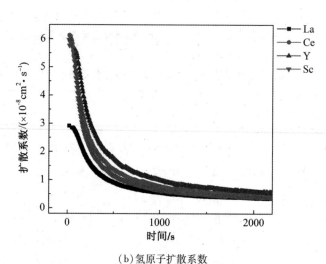

(b)氢原子扩散系数

图7.9 合金颗粒完全活化后粒度分布曲线及氢原子扩散系数随反应时间变化曲线

7.3 放氢动力学

图 7.10 是 $(V_{48}Fe_{12}Ti_{30}Cr_{10})_{98}RE_2$（RE＝La，Ce，Y，Sc）合金完全活化后在 295，315，335 K，初始氢气压力为 $1×10^{-4}$ MPa 下，放氢反应前 $1.5×10^3$ s 的动力学曲线。从图 7.10 中可以看出，掺杂不同稀土对合金的放氢量和动力学性能影响比较复杂。在 295 K 下，A_{Ce}，A_Y 和 A_{Sc} 合金放氢速度基本一致，都比 A_{La} 快，放氢量大小顺序为 $A_Y>A_{La}>A_{Ce}>A_{Sc}$；在 315 K 下，放氢速度大小顺序为 $A_{La}>A_{Ce}>A_Y>A_{Sc}$，放氢量大小顺序为 $A_Y>A_{La}>A_{Ce}>A_{Sc}$。在 335 K 下，放氢速度大小顺序为 $A_{Ce}>A_{La}>A_Y>A_{Sc}$，放氢容量大小顺序为 $A_Y>A_{Ce}>A_{La}>A_{Sc}$。

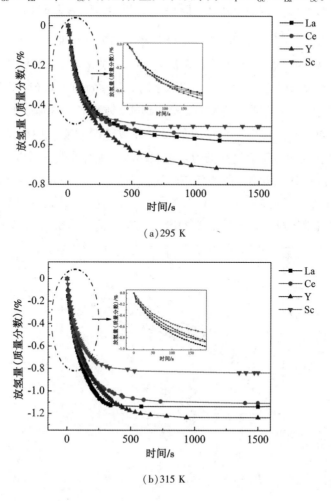

(a) 295 K

(b) 315 K

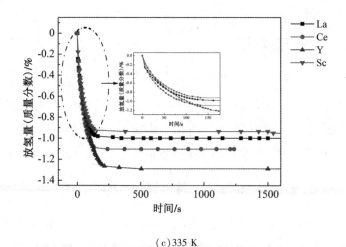

（c）335 K

图 7.10　（$V_{48}Fe_{12}Ti_{30}Cr_{10}$）$_{98}RE_2$（RE＝La，Ce，Y，Sc）合金放氢动力学曲线

图 7.11 是放氢反应前 200 s 反应分数随时间的变化曲线。可以看出，随着放氢温度提高，同一反应时间对应的放氢反应分数 α 均变大，例如，A_Y 合金在 295，315，335 K 下，放氢时间为第 200 s 时，α 值分别为 0.61，0.71 和 0.97。这主要是因为合金放氢是吸热反应，温度越高，越有利于快速放氢。

利用不同动力学模型对合金放氢反应分数随时间变化曲线进行拟合，图 7.12 是四种合金放氢反应过程动力学机制模型的拟合曲线。可以看出，四种合金放氢反应过程分别由第一阶段几何收缩模型机制 $1-(1-\alpha)^{1/3}=kt$ 和第二阶段三维扩散 G-B 模型机制 $(1-2\alpha/3)-(1-\alpha)^{2/3}=kt$ 组成，掺杂不同稀土没有改变合金的放氢机制组成。合金放氢不同阶段的反应速率常数（k_1，k_2）列于表 7.5

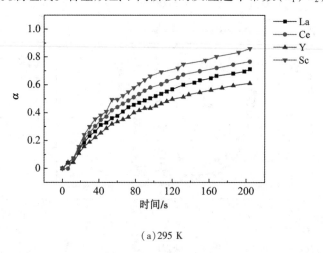

（a）295 K

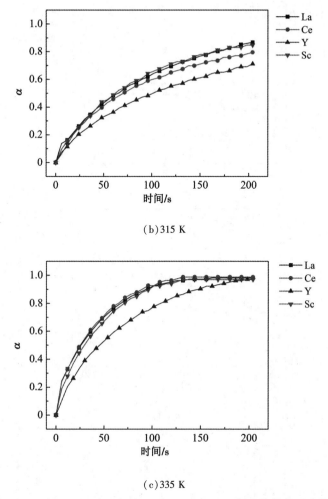

（b）315 K

（c）335 K

图 7.11 （V₄₈Fe₁₂Ti₃₀Cr₁₀）₉₈RE₂（RE=La，Ce，Y，Sc）合金放氢反应分数曲线

中。从表 7.5 中看出，掺杂不同稀土元素对放氢反应不同阶段的影响比较复杂。在 295，315 K 下，放氢第一阶段反应速率 k_1 最大的是 A_{Sc} 合金；在 335 K 下，反应速率 k_1 最大的是 A_{Ce} 合金。在 295 K 下，放氢第二阶段反应速率 k_2 最大的是 A_{Sc} 合金；在 315 K，放氢第二阶段反应速率 k_2 最大的是 A_{La} 合金；在 335 K 下，放氢第二阶段反应速率 k_2 最大的是 A_{Ce} 合金。另外，反应速率 k_1 和 k_2 随温度的升高逐渐变大，说明温度升高对合金放氢反应有利，这与前面的结论一致。通过对比仍可发现，k_2 小于 k_1，说明放氢过程中，三维扩散机制是控制步骤，决定整个放氢过程的速率。

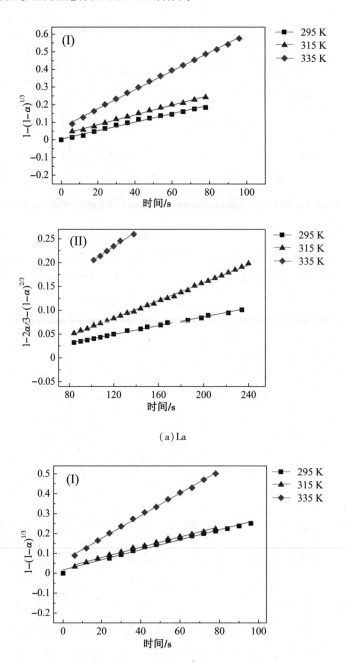

（a）La

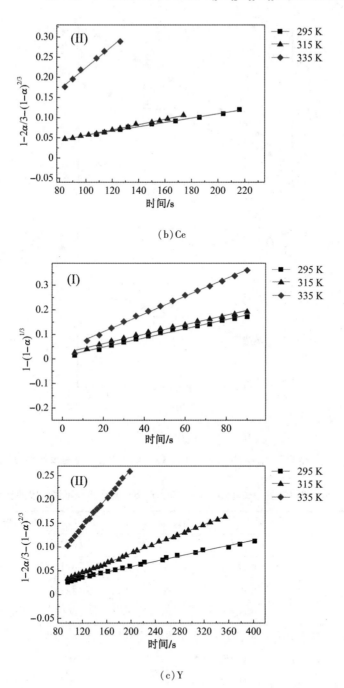

（b）Ce

（c）Y

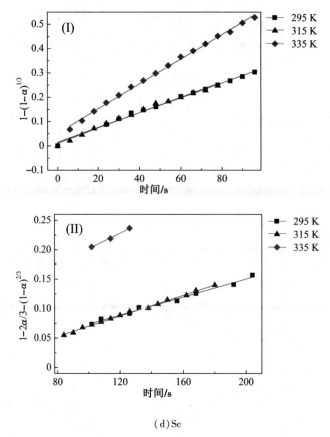

（d）Sc

图 7.12 $(V_{48}Fe_{12}Ti_{30}Cr_{10})_{98}RE_2(RE=La, Ce, Y, Sc)$合金放氢反应动力学机制模型

表 7.5 $(V_{48}Fe_{12}Ti_{30}Cr_{10})_{98}RE_2(RE=La, Ce, Y, Sc)$合金放氢不同阶段的反应速率常数

样品	温度/K	第一阶段			第二阶段		
		k_1/s^{-1}	R^2	t	k_2/s^{-1}	R^2	t
S_{La}	295	0.00241	0.989	78	4.60×10^{-4}	0.996	134
	315	0.00277	0.996	78	9.33×10^{-4}	0.998	250
	335	0.00533	0.998	96	0.00155	0.992	138
S_{Ce}	295	0.00253	0.987	96	5.35×10^{-4}	0.990	216
	315	0.00260	0.990	78	6.65×10^{-4}	0.995	174
	335	0.00567	0.999	78	0.00269	0.988	126
S_Y	295	0.00188	0.989	90	2.79×10^{-4}	0.994	402
	315	0.00194	0.992	90	5.05×10^{-4}	0.999	354
	335	0.00360	0.997	90	0.00152	0.998	198

表7.5(续)

样品	温度/K	第一阶段			第二阶段		
		k_1/s^{-1}	R^2	t	k_2/s^{-1}	R^2	t
	295	0.00305	0.994	96	7.64×10^{-4}	0.988	204
S$_{Sc}$	315	0.00316	0.991	78	8.75×10^{-4}	0.997	180
	335	0.00508	0.999	96	0.00132	0.993	126

7.4 吸放氢热力学

图 7.13 是四种合金在不同温度下的吸放氢 PCI 曲线。吸放氢性能参数列于表 7.6 中。从表中可以看出，不同合金的吸氢量不同，A$_{Ce}$，A$_Y$，A$_{Sc}$合金吸氢量均高于 A$_{La}$合金，其中，A$_Y$合金吸氢容量最大，在 295 K 下，吸氢量为 3.41%（质量分数）。在第 6 章中指出，合金掺杂稀土后有独立的稀土相，稀土吸氢后形成稀土氢化物，但是稀土氢化物热力学稳定性非常高，在循环过程中吸氢很少，因此，合金的吸氢量主要与吸氢主相的丰度和晶格常数有关。在 7.1 节中，对合金的相丰度等进行了计算，结果显示，A$_Y$合金的相丰度和晶格常数都最大，所以吸氢量最大；A$_{Sc}$合金的 BCC 吸氢相丰度（质量分数）仅为 82.16%，比 A$_{La}$合金的 BCC 相丰度（质量分数）92.16%小，但是吸氢容量反而略比 A$_{La}$合金大，分析认为主要是由于 A$_{Sc}$合金晶格常数大的缘故。

从表 7.6 中还可以看出，所有合金吸氢量随着工作温度升高逐渐降低，说明较高的工作温度不利于合金吸氢，主要是由于吸氢反应是放热反应。但是，与 A$_{La}$合金不同的是，掺杂其他稀土元素合金有效放氢量并没有随着工作温度升高而降低，而是逐渐提高。例如，在 295，315，335 K 下，A$_{Sc}$合金的有效放氢量分别为 1.030%，1.320%，1.410%（质量分数）。说明掺杂不同稀土元素会改变合金的最佳放氢温度，这与合金的热力学性能改变有关，后面将进行详细讨论。不同稀土元素的掺杂对合金吸放氢 PCI 曲线的平台倾斜因子 S$_f$ 和平台的滞后 H$_f$影响不大。从表 7.6 中可以看出，掺杂不同稀土元素对合金吸放氢平台压有不同影响。吸放氢平台压大小顺序为 A$_Y$<A$_{Sc}$<A$_{Ce}$<A$_{La}$。前文内容指出，合金的晶格常数越小，平台压力越高，所以，合金平台压降低是由于晶格常数变大引起的。

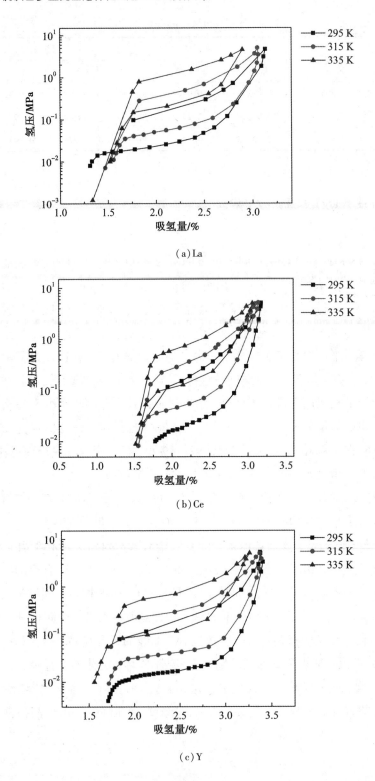

（a）La

（b）Ce

（c）Y

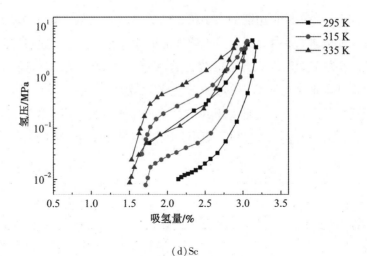

（d）Sc

图 7.13 （V$_{48}$Fe$_{12}$Ti$_{30}$Cr$_{10}$）$_{98}$RE$_2$（RE＝La，Ce，Y，Sc）合金吸放氢 PCI 曲线

表 7.6 （V$_{48}$Fe$_{12}$Ti$_{30}$Cr$_{10}$）$_{98}$RE$_2$（RE＝La，Ce，Y，Sc）合金吸放氢 PCI 参数

样品	温度/K	吸氢			放氢			滞后
		容量（质量分数）/%	平衡压	倾斜因子	容量（质量分数）/%	平衡压	倾斜因子	
S$_{La}$	295	3.130	0.280	0.30	1.830	0.030	0.020	2.05
	315	3.060	0.670	0.46	1.500	0.080	0.040	2.07
	335	2.900	1.530	1.38	1.380	0.220	0.160	1.44
S$_{Ce}$	295	3.178	0.238	0.40	1.402	0.022	0.035	2.21
	315	3.140	0.587	0.46	1.519	0.057	0.059	1.80
	335	3.064	1.142	1.45	1.540	0.168	0.196	1.92
S$_Y$	295	3.410	0.190	0.29	1.570	0.014	0.018	2.38
	315	3.390	0.349	0.29	1.680	0.036	0.027	1.96
	335	3.260	0.659	0.63	1.700	0.107	0.079	1.78
S$_{Sc}$	295	3.176	0.200	0.38	1.030	0.016	0.042	2.30
	315	3.059	0.409	0.53	1.319	0.049	0.079	1.88
	335	2.922	0.884	1.48	1.412	0.132	0.234	2.09

　　为了研究掺杂不同稀土对合金热力学性能的影响，利用范特霍夫方程计算吸放氢反应焓和熵，根据表 7.6 中不同温度下的吸放氢平台压值，四种合金的范特霍夫曲线如图 7.14 所示。在吸氢过程中，合金的吸氢焓 ΔH_{abs} 大小顺序为 A$_{La}$＜A$_{Ce}$＜A$_{Sc}$＜A$_Y$，而气固反应中熵的变化基本很小，根据公式 $\Delta G = \Delta H - T\Delta S$，

在等温条件下，吉布斯自由能的大小顺序也是 $A_{La} < A_{Ce} < A_{Sc} < A_{Y}$，自由能越低越有利于吸氢反应进行，合金吸氢热力学性能更好，所以，A_{La} 合金的吸氢热力学性能最佳。在放氢过程中，合金的放氢焓 ΔH_{des} 大小顺序为 $A_{Y} > A_{Sc} > A_{Ce} > A_{La}$，熵的变化也基本很小。$A_{Y}$ 合金的氢化物放氢焓最大，为 44.90±1.49 kJ/mol，高于其他氢化物的放氢焓，这与主相 BCC 的晶格常数有关，晶格常数越大导致间隙位置体积越大，为氢原子提供了更多的间隙位置，从而形成的氢化物更加稳定。

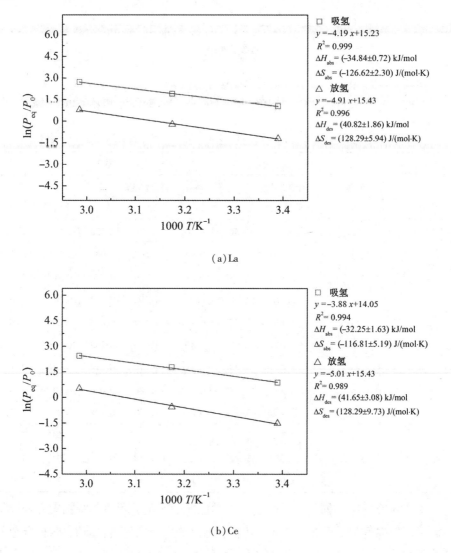

（a）La

（b）Ce

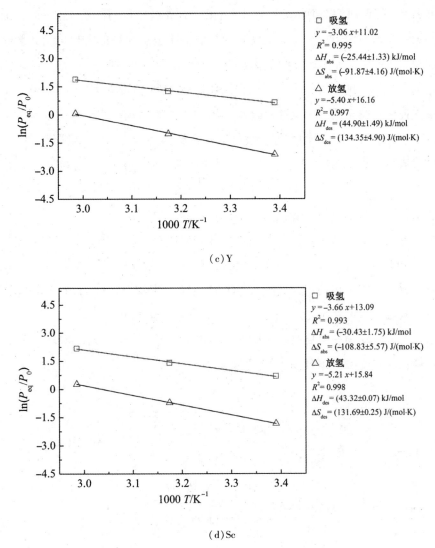

（c）Y

（d）Sc

图 7.14 （$V_{48}Fe_{12}Ti_{30}Cr_{10}$）$_{98}RE_2$（RE=La，Ce，Y，Sc）合金范特霍夫曲线

7.5 放氢活化能

图 7.15 是非等温条件下放氢 DSC 曲线。从图中可以看出，所有合金的放氢 DSC 曲线有两个吸热峰。在第 6 章中指出，第一个峰是多个放氢反应峰的叠加，既有二氢化物分解放氢也有稀土氢化物不完全分解放氢。第二个峰放氢温

度非常高,峰值温度与Denys等[138]研究RE-H系统放氢的结果基本一致,代表了在第一个峰下没有完全分解的稀土氢化物完全分解放氢的吸热峰,由此也可以看出,四种稀土元素形成的氢化物热力学稳定性都非常高。

为了更详细地了解放氢反应过程,对完全吸氢饱和的四种合金以30 K/min的加热速度加热至第一个吸热峰结束温度,并对比分析吸氢饱和样品和加热后样品的物相,图7.16是四个合金吸氢饱和及加热后样品的XRD图谱。物相分析结果表明,A_{La}合金的第一个吸热峰对应的放氢反应是二氢化物分解变为一氢化物,以及稀土氢化物LaH_3分解变成了$LaH_{2.3}$;第二个吸热峰代表高温下$LaH_{2.3}$完全分解放氢。A_{Ce}合金的第一个吸热峰对应的放氢反应是二氢化物分解变为一氢化物,以及稀土氢化物$CeH_{2.53}$分解变成$CeH_{2.29}$;第二个吸热峰代表在高温下$CeH_{2.29}$完全分解放氢。A_Y合金的第一个吸热峰对应的放氢反应是二氢化物分解变为一氢化物,以及稀土氢化物YH_3分解变成了YH_2;第二个吸热峰代表在高温下YH_2完全分解放氢。A_{Sc}合金的第一个吸热峰对应的放氢反应是二氢化物分解变为一氢化物,以及稀土氢化物$ScH_{2.9}$分解变成了ScH_2;第二个吸热峰代表在高温下ScH_2完全分解放氢。

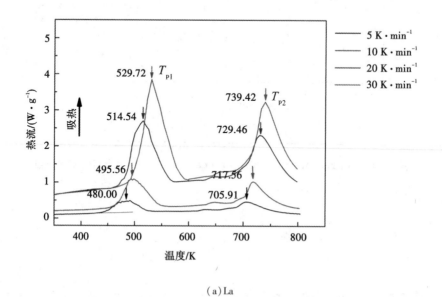

(a)La

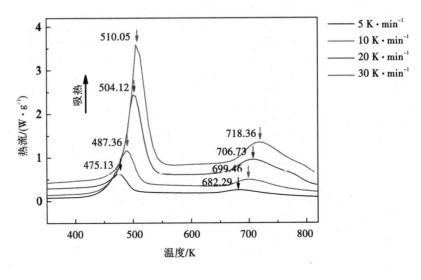

（b）Ce

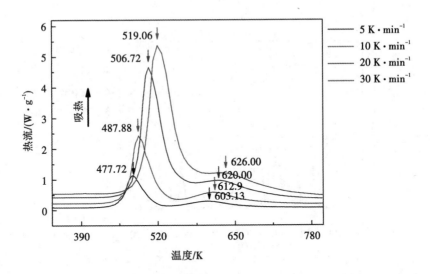

（c）Y

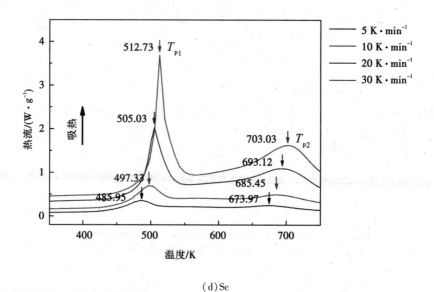

（d）Sc

图7.15 （V$_{48}$Fe$_{12}$Ti$_{30}$Cr$_{10}$）$_{98}$RE$_2$（RE=La，Ce，Y，Sc）合金放氢 DSC 曲线

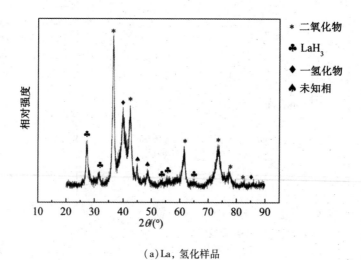

（a）La，氢化样品

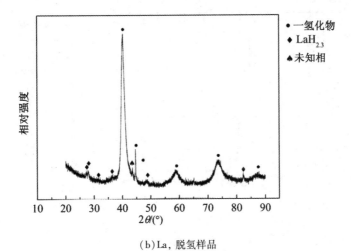

（b）La，脱氢样品

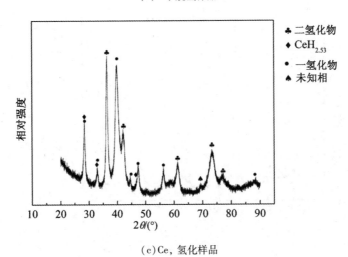

（c）Ce，氢化样品

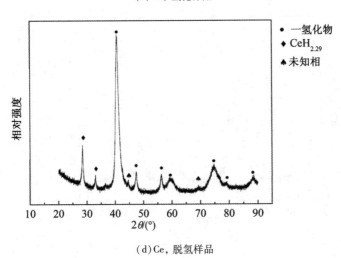

（d）Ce，脱氢样品

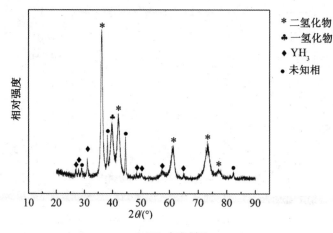

（e）Y，氢化样品

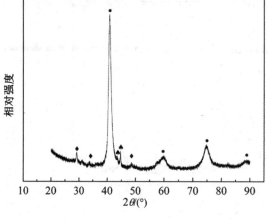

（f）Y，脱氢样品

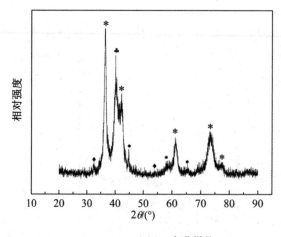

（g）Sc，氢化样品

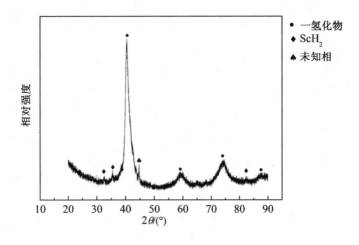

（h）Sc，脱氢样品

图 7.16 （V₄₈Fe₁₂Ti₃₀Cr₁₀）₉₈RE₂（RE＝La，Ce，Y，Sc）合金吸氢和放氢 XRD 图谱

根据 DSC 结果和式（1.10）可以得到 Kissinger 曲线，Kissinger 曲线几乎是线性的，合金第一个放氢峰对应的 Kissinger 曲线如图 7.17 所示，E_A^{des} 由拟合直线的斜率计算得到。通过计算得到 A_{La}，A_{Ce}，A_Y 和 A_{Sc} 四种合金的放氢活化能分别为 68.09，107.75，78.56，135.01 kJ/mol。可以看出，A_{La} 合金的放氢表观活化能最小，A_{Sc} 合金的表观活化能最大。储氢材料的放氢活化能越小，则在达到放氢条件时放氢速度越快。因此，就放氢速度而言，掺杂 La 比掺杂 Ce，Y，Sc 要好。

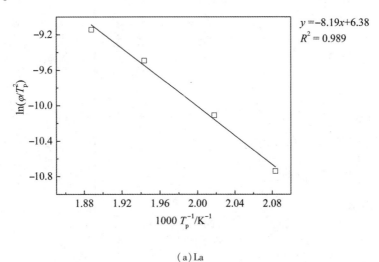

（a）La

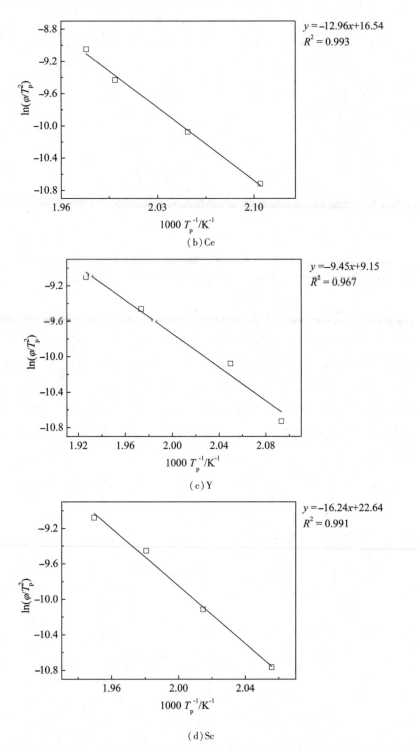

$y = -12.96x + 16.54$
$R^2 = 0.993$

（b）Ce

$y = -9.45x + 9.15$
$R^2 = 0.967$

（c）Y

$y = -16.24x + 22.64$
$R^2 = 0.991$

（d）Sc

图 7.17　（$V_{48}Fe_{12}Ti_{30}Cr_{10}$）$_{98}RE_2$（RE＝La，Ce，Y，Sc）合金放氢 DSC 对应的 Kissinger 曲线

7.6 本章小结

本章对比研究了掺杂不同稀土元素 La，Ce，Y，Sc 对 $(V_{48}Fe_{12}Ti_{30}Cr_{10})_{98}RE_2$ 合金的微观结构、相组成及吸放氢性能的影响。得出以下结论。

(1)合金掺杂 Ce，Y，Sc 后，主相 BCC 的晶格常数均比掺杂 La 略微变大，分别为 0.3047，0.3048，0.3047 nm。除 BCC 相和 Laves 相以外，A_{Ce} 合金中存在少量纯 Ce 相和 CeO_2 相；A_Y 合金中只有纯 Y 相；A_{Sc} 合金样品中发现了由多种合金元素组成的富 Sc 相。

(2)四种合金都表现出非常优异的活化性能和吸氢动力学性能。不同稀土元素掺杂对合金吸放氢过程动力学机制及速率控制步骤没有改变。

(3)PCI 测试表明，A_{Ce}，A_Y 和 A_{Sc} 合金的吸氢容量均高于 A_{La} 合金，其中，A_Y 合金的吸氢容量最大。对吸放氢反应焓计算结果表明，合金的吸氢焓 ΔH_{abs} 大小顺序为 $A_{La} < A_{Ce} < A_{Sc} < A_Y$，$A_{La}$ 合金的吸氢热力学性能最佳。合金的放氢焓 ΔH_{des} 大小顺序为 $A_Y > A_{Sc} > A_{Ce} > A_{La}$，$A_Y$ 合金的氢化物最稳定。

第8章 结 论

本书以中钒 V-Ti-Cr-Fe 储氢合金为研究对象,系统研究了成分调控、热处理、掺杂 Al 及稀土对合金微观结构和储氢性能的影响。主要得到以下结论。

(1)$V_{48}Fe_{12}Ti_{15+x}Cr_{25-x}$($x=0$,5,10,15)合金由 BCC 主相和少量的 Laves 相及富 Ti 相组成,BCC 相的晶格常数随着 Ti 含量增加逐渐增大。对合金吸放氢反应焓变计算结果表明,随着 Ti 含量增加,合金放氢焓逐渐增大。$V_{48}Fe_{12}Ti_{15}Cr_{25}$ 合金在 1273 K 退火 10 h 后,BCC 主相的晶格常数略有增加,相丰度降低。合金吸放氢平台压力减小,吸氢量降低。对吸放氢焓计算结果表明,热处理使得合金形成的氢化物更加稳定。铸态和退火态合金的放氢表观活化能分别为 62.01 kJ/mol 和 58.70 kJ/mol,低温和长时间退火降低了放氢表观活化能,提高放氢动力学。掺杂 Al 对 $V_{48}Fe_{12}Ti_{15}Cr_{25}$ 合金的吸氢动力学性能略有提升,放氢动力学性能略有下降。掺杂 Al 降低了合金吸氢量。通过范特霍夫方程计算得到含 Al 合金放氢焓减小,氢化物稳定性变弱。

(2)对 $V_{48}Fe_{12}Ti_{15+x}Cr_{25-x}$($x=0$,5,10,15)合金中氢原子扩散研究表明,主相晶格常数越大,氢原子的扩散系数越大;吸氢过程中氢原子扩散系数以三相指数衰减函数形式随反应时间变化;氢原子在合金中 BCC 的扩散系数比在氢化物中大两个数量级。吸氢量随着 Ti 含量的增加逐渐增加。对放氢平台压的研究结果表明,在一定温度下,放氢平台压力随着 Ti/Cr 原子比的增加呈指数关系递减,这种关系对 V-Ti-Cr 和 V-Ti-Cr-Fe 系列合金具有普适性。

(3)($V_{48}Fe_{12}Ti_{30}Cr_{10}$)$_{100-x}La_x$($x=0$,1,2,3,5)合金 BCC 主相的晶格常数随 La 掺杂变大,但没有随掺杂量增加而逐渐增大,主相晶格常数为 0.3043 nm。掺杂 La 合金中有四种相存在,除 BCC 相和 Laves 相以外,出现了纯 La 相和 La_2O_3 相。掺杂 La 能够明显提升合金的活化性能及吸氢动力学性能。吸氢量随 La 掺杂量增加先增加后减小。$x=1$ 时吸氢量最大,在 295 K 温度下质量分数为 3.18%;$x=2$ 时有效放氢量最大,在 295 K 温度下质量分数为 1.83%,放氢率为 58.5%。吸氢焓随着掺杂量增加而逐渐减小,掺杂有利于吸氢反应的进行,提高了合金的吸氢热力学性能。放氢焓随着掺杂量的增加先增加后逐渐减小,$x=1$ 时,氢化物放氢焓最大,随着掺杂量的继续增加,氢化物分解焓逐渐减小。对循环稳定性的研究结果表明,掺杂 La 能够明显降低合金在循环过程中的晶格畸变程度,提高合金的循环性能。

(4)($V_{48}Fe_{12}Ti_{30}Cr_{10}$)$_{98}RE_2$ 合金中,掺杂 Ce,Y,Sc 后,主相 BCC 晶格常数比掺杂 La 均变大,分别为 0.3047,0.3048,0.3047 nm。四种合金都表现出非常优异的活化性能。不同稀土元素掺杂对合金吸放氢过程动力学机制及速率控制步骤没有改变。掺杂 Ce,Y,Sc 的合金吸氢量均高于掺杂 La 的合金,其中,掺杂 Y 合金吸氢量最大,在 295 K 温度下质量分数为 3.41%。对放氢焓的计算结果表明,掺杂 Y 合金形成的氢化物最稳定。

(5)掺杂 La,Ce,Y,Sc 的合金表现出优异的吸氢动力学性能,仅在 100 s 内就可吸氢达到饱和量的 90%,这远远高于目前为止文献报道的有关 BCC 合金的吸氢动力学性能。

参考文献

[1] REN J W, MUSYOKA N M, LANGMI H W, et al.Current research trends and perspectives on materials-based hydrogen storage solutions: a critical review[J].International journal of hyydrogen energy, 2017, 42(1): 289-311.

[2] SADHASIVAM T, KIM H T, JUNG S, et al. Dimensional effects of nanostructured Mg/MgH_2 for hydrogen storage applications: a review[J]. Renewable and sustainable energy reviews, 2017, 72: 523-534.

[3] LIU Y F, PAN H G, GAO M X, et al. Advanced hydrogen storage alloys for Ni/MH rechargeable batteries[J]. Journal of materials chemistry, 2011, 21: 4743-4755.

[4] CUEVAS F, JOUBERT J M, LATROCHE M, et al. Intermetallic compounds as negative electrodes of Ni/MH batteries[J]. Applied physics A, 2001, 72: 225-238.

[5] CAO Z J, OUYANG L Z, WANG H, et al. Advanced high-pressure metal hydride fabricated via Ti-Cr-Mn alloys for hybrid tank[J]. International journal of hydrogen energy, 2015, 40(6): 2717-2728.

[6] KADIR K, SAKAI T, UEHARA I. Synthesis and structure determination of a new series of hydrogen storage alloys: RMg_2Ni_9(R=La, Ce, Pr, Nd, Sm and Gd) built from $MgNi_2$ Laves-type alternating with AB_5 layers[J]. Journal of alloys and compounds, 1997, 257: 115-121.

[7] KADIR K, KURIYAMA N, SAKAI T, et al. Structural investigation and hydrogen capacity of $CaMg_2Ni_9$: a new phase in the AB_2C_9 system isostructural with $LaMg_2Ni_9$[J]. Journal of alloys and compounds, 1999, 284: 145-154.

[8] KADIR K, SAKAI T, UEHARA I. Structural investigation and hydrogen ca-

pacity of YMg_2Ni_9 and $(Y_{0.5}Ca_{0.5})(MgCa)Ni_9$: new phase in the AB_2C_9 system isostructural with $LaMg_2Ni_9$[J]. Journal of alloys and compounds, 1999, 287: 264-270.

[9] KADIR K, SAKAI T, UEHARA I. Structural investigation and hydrogen capacity of $LaMg_2Ni_9$ and $(La_{0.65}Ca_{0.35})(Mg_{1.32}Ca_{0.68})Ni_9$ of the AB_2C_9 type structure[J]. Journal of alloys and compounds, 2000, 302: 112-117.

[10] LIU Y F, CAO Y H, HUANG L, et al. Rare earth-Mg-Ni-based hydrogen storage alloys as negative electrode materials for Ni/MH batteries[J]. Journal of alloys and compounds, 2011, 509: 675-686.

[11] PAN H G, LIU Y F, GAO M X, et al. A study of the structural and electrochemical properties of $La_{0.7}Mg_{0.3}(Ni_{0.85}Co_{0.15})_x(x=2.5-5.0)$ hydrogen storage alloys[J]. Journal of the electrochemical society, 2003, 150: A565-A570.

[12] LIU Y F, PAN H G, GAO M X, et al. Effect of Co content on the structural and electrochemical properties of the $La_{0.7}Mg_{0.3}Ni_{3.4-x}Co_xMn_{0.1}$ hydride alloys. II. electrochemical properties[J]. Journal of alloys and compounds, 2004, 376: 304-313.

[13] OUYANG L Z, HUANG J L, WANG H, et al. Progress of hydrogen storage alloys for Ni-MH rechargeable power batteries in electric vehicles: a review[J]. Materials chemistry and physics, 2017, 200: 164-178.

[14] REILLY J J, WISWALL R H. Formation and properties of iron titanium hydride[J]. Inorganic chemistry, 1974, 13(1): 218-222.

[15] CHEN P, XIONG Z, LUO J Z, et al. Interaction of hydrogen with metal nitrides and imides[J]. Nature, 2002, 420: 302-304.

[16] LENG H, ICHIKAWA T, HINO S, et al. Correction to "new metal-N-H system composed of $Mg(NH_2)_2$ and LiH for hydrogen storage"[J]. Journal of physical chemistry B, 2004, 108: 8763-8765.

[17] NAKAMORI Y, KITAHARA G, MIWA K, et al. Reversible hydrogen-storage functions for mixtures of Li_3N and Mg_3N_2[J]. Applied physics A, 2005, 80: 1-3.

[18] STEPHENS F H, PONS V, TOM B R. Ammonia-borane: the hydrogen

source par excellence[J]. Dalton trans, 2007, 25: 2613-2626.

[19] STAUBITZ A, ROBERTSON A P, MANNERS I. Ammonia-borane and related compounds as dihydrogen sources[J]. Chemical reviews, 2015, 42: 4079-4124.

[20] SABA N, TANIYA M, ALTAF H P. Hydrogen storage: materials, methods and perspectives[J]. Renewable and sustainable energy reviews, 2015, 50: 457-469.

[21] LAI Q W, PASKEVICIUS M, SHEPPARD D A, et al. Hydrogen storage materials for mobile and stationary applications: current state of the art[J]. ChemSusChem, 2015, 8(17): 2789-2825.

[22] BROOM D P. Hydrogen storage materials[M]. London: Springer, 2011.

[23] KISSINGER H E. Reaction kinetics in differential thermal analysis[J]. Analytical chemistry, 1957, 29: 1702-1706.

[24] 大角泰章. 金属氢化物的性质与应用[M]. 北京: 化学工业出版社, 1990.

[25] 朱敏. 先进储氢材料导论[M]. 北京: 科学出版社, 2015.

[26] KUMAR S, JAIN A, ICHIKAWA T, et al. Development of vanadium based hydrogen storage material: a review[J]. Renewable and sustainable energy reviews, 2017, 72: 791-800.

[27] CHEN P, ZHU M. Recent progress in hydrogen storage[J]. Materials today, 2008, 11(12): 36-43.

[28] 裴沛, 张沛龙, 张蓓, 等. V系储氢合金及其合金化[J]. 材料导报, 2006, 20(10): 123-127.

[29] 王稳, 罗永春, 邱建平, 等. 钪基 Laves 相合金 $Sc_{0.8}Zr_{0.1}Y_{0.1}Mn_{2-x}Ni_x$($x$ =0~2.0)的微观结构和储氢性能[J]. 稀有金属, 2015, 39(8): 696-704.

[30] YAN Y G, CHEN Y G, LIANG H, et al. Hydrogen storage properties of V−Ti−Cr−Fe alloys[J]. Journal of alloys and compounds, 2008, 454: 427-431.

[31] YAN Y G, CHEN Y H, WU C L, et al. A low−cost BCC alloy prepared from a FeV80 alloy with a high hydrogen storage capacity[J]. Journal of

power sources, 2007, 164(2): 799-802.

[32] KUMAR S. Studies on hydrogen interaction with vanadium and vanadium-aluminum alloys[D]. Mumbai: Bhabha atomic research center, 2012.

[33] 胡子龙. 储氢材料[M]. 北京: 化学工业出版社, 2000.

[34] HIROSHI Y, AKIRA T, DAISUKE Y, et al. Alloying effects on the hydriding properties of vanadium at low hydrogen pressures[J]. Journal of alloys and compounds, 2002, 337(1/2): 264-268.

[35] 严义刚. V-Ti-Cr-Fe 储氢合金的结构与吸放氢行为研究[D]. 成都: 四川大学, 2007:12-60.

[36] FEI Y, KONG X C, WU Z, et al. In situ neutron-diffraction study of the $Ti_{38}V_{30}Cr_{14}Mn_{18}$ structure during hydrogenation [J]. Journal of power sources, 2013, 241: 355-358.

[37] PUKAZHSELVAN D, KUMAR V, SINGH S K. High capacity hydrogen storage: basic aspects, new developments and milestones[J]. Nano energy, 2012, 1(4): 566-589.

[38] YUKAWA H, TAKAGI M, TESHIMA A, et al. Alloying effects on the stability of vanadium hydrides[J]. Journal of alloys and compounds, 2002, 330(1): 105-109.

[39] ASANO K, HAYASHI S, NAKAMURA Y, et al. Effect of substitutional Cr on hydrogen diffusion and thermal stability for the bct monohydride phase of the V-H system studied by ^{1}H NMR[J]. Journal of alloys and compounds, 2012, 524: 63-68.

[40] ASANO K, HAYASHI S, NAKAMURA Y. Enhancement of hydrogen diffusion in the body-centered tetragonal monohydride phase of the V-H system by substitutional Al studied by proton nuclear magnetic resonance[J]. Acta materialia, 2015, 83: 479-487.

[41] ASANO K, HAYASHI S, NAKAMURA Y. Formation of hydride phase and diffusion of hydrogen in the V-H system varied by substitutional Fe [J]. International journal of hydrogen energy, 2016, 41(15): 6369-6375.

[42] MAELAND A J, LIBOWITZ G G, LYNCH J F, et al. Hydride formation rates of bcc group V metals[J]. Journal of the less-common metals, 1984,

10: 4133-4139.

[43] ONE S, NOMURA K, IKEDA Y. The reaction of hydrogen alloys of vanadium and titantium[J]. Journal of the less-common metals, 1980, 72: 159-165.

[44] KIM H, SAKAKI K, SAITA I, et al. Reduction and unusual recovery in the reversible hydrogen storage capacity of $V_{1-x}Ti_x$ during hydrogen cycling [J]. International journal of hydrogen energy, 2014, 39: 10546-10551.

[45] JENG R R, CHOU C Y, LEE S L, et al. Effect of Mn, Ti/Cr ratio, and heat treatment on hydrogen storage properties of Ti−V−Cr−Mn alloys[J]. Journal of the Chinese institute of engineers, 2011, 34(5): 601-608.

[46] NAKAMURA Y, NAKAMURA J, SAKAKI K, et al. Hydrogenation properties of Ti−V−Mn alloys with a BCC structure containing high and low oxygen concentrations[J]. Journal of alloys and compounds, 2011, 509: 1841-1847.

[47] NAKAMURA Y, OIKAWA K, KAMIYAMA T, et al. Crystal structure of two hydrides formed from a Ti−V−Mn BCC solid solution alloy studied by time-of-flight neutron powder diffraction-a NaCl structure and a CaF_2 structure[J]. Journal of alloys and compounds, 2001, 316: 284-289.

[48] NAKAMURA Y, AKIBA E. Hydriding properties and crystal structure of NaCl-type mono-hydrides formed from Ti−V−Mn BCC solid solutions[J]. Journal of alloys and compounds, 2002, 345: 175-182.

[49] ZHANG Z, YE H Q, KUO K H. A new icosahedral phase with m35 symmetry[J]. Philosophical magazine A, 1985, 52(6): 49-52

[50] TONG Y W, GAO J C, DENG G, et al. Influence of oxygen content on microstructure and electrochemical properties of $V_{2-x}Ti_{0.5}Cr_{0.5}NiO_x$ ($x = 0$ similar to 0.35) hydrogen storage alloys[J]. Rare metel materials and engineering, 2015, 44: 1052-1056.

[51] HU W, WANG J L, WANG L D, et al. Electrochemical hydrogen storage in $(Ti_{1-x}V_x)_2Ni$ ($x = 0.05-0.30$) alloys comprising icosahedral quasicrystalline phase[J]. Electrochimica acta, 2009, 54: 2770-2773.

[52] NOMURA K, AIKBA E. H_2 absorbing-desorbing characterization of the Ti

-V-Fe alloy system[J]. Journal of alloys and compounds, 1995, 231 (112): 513-517.

[53] MASSICOT B, LATROCHE M, JOUBERT J M. Hydrogenation properties of Fe-Ti-V bcc alloys[J]. Journal of alloys and compounds, 2011, 509 (2): 372-379.

[54] LYNCH J F, MAELAND A J, LIBOWITZ G G. Lattice parameter variation and thermodynamics of dihydride formation in the vanadium-rich V-Ti -Fe/H$_2$ system-binding niche: acridones, xanthones and quinines[J]. Zeitschrift fur physikalische chemie, 1985, 145(1/2): 51-59.

[55] KABUTOMORI T, TADKEDA H, WAKISAKA Y, et al. Hydrogen absorption properties of Ti-Cr-A(A=V, Mo, or other transitional metal) BCC solid solution alloys[J]. Journal of alloys and compounds, 1995, 231: 528-532.

[56] CHO S W, HAN C S, PARK C N, et al. The hydrogen storage characteristics of Ti-Cr-V alloys[J]. Journal of alloys and compounds, 1999, 288: 294-298.

[57] KURIIWA T, TAMURA T, AMEMIYA T, et al. New V-based alloys with high protium absorption and desorption capacity[J]. Journal of alloys and compounds, 1999, 293: 433-436.

[58] OKADA M, KURIIWA T, TAMURA T, et al. Ti-Cr-V b. c. c. alloys with high protium content[J]. Journal of alloys and compounds, 2002, 330: 511-516.

[59] KAGAWA A, ONO E, KUSAKABE T, et al. Absorption of hydrogen by vanadium rich V-Ti-based alloys[J]. Journal of the less-common metals, 1991, 172/173/174: 64-70.

[60] AKIBA E, IBA H. Hydrogen absorption by laves phase related BCC solid solution[J]. Intermetallics, 1998, 6: 461-470.

[61] SEO C Y, KIM J H, LEE P S, et al. Hydrogen storage properties of vanadium-based b. c. c. solid solution metal hydrides[J]. Journal of alloys and compounds, 2003, 348(1/2): 252-257.

[62] TSUKAHARA M. Hydrogenation properties of vanadium-based alloys with

large hydrogen storage capacity[J]. Materials transactions, 2011, 52: 68-72.

[63] CHO S W, HAN C S, PARK C N, et al. Hydrogen storage characteristics of Ti-Zr-Cr-V alloys[J]. Journal of alloys and compounds, 1999, 289: 244-250.

[64] KURIIWA T, TAMURA T, T AMEMIYA, et al. New V-based alloys with high protium absorption and desorption capacity[J]. Journal of alloys and compounds, 1999, 293: 433-436.

[65] CHO S W, SHIM G, CHO G, et al. Hydrogen absorption-desorption properties of $Ti_{0.32}Cr_{0.43}V_{0.25}$ alloy[J]. Journal of alloys and compounds, 2007, 430(1/2): 136-141.

[66] LIU X P, JIANG L J, LI Z N, et al. Improve plateau property of $Ti_{32}Cr_{46}V_{22}$ BCC alloy with heat treatment and Ce additive[J]. Journal of alloys and compounds, 2009, 471(1/2): L36-L38.

[67] MATSUNAGA T, KON M, WASHIO K, et al. TiCrVMo alloys with high dissociation pressure for high-pressure MH tank[J]. International journal of hydrogen energy, 2009, 34: 1458-1462.

[68] ULMER U, ASANO K, PATYK A, et al. Cost reduction possibilities of vanadium-based solid solutions-microstructural, thermodynamic, cyclic and environmental effects of ferrovanadium substitution[J]. Journal of alloys and compounds, 2015, 648: 1024-1030.

[69] YU X B, WU Z, LI F, et al. Body-centered-cubic phase hydrogen storage alloy with improved capacity and fast activation[J]. Applied physics letters, 2004, 84: 3199-3201.

[70] 杭州明. Ti-V-Fe 系储氢合金的微观结构及储氢性能研究[D]. 杭州: 浙江大学, 2010.

[71] AOKIA M, NORITAKE T, ITO A, et al. Improvement of cyclic durability of Ti-Cr-V alloy by Fe substitution[J]. International journal of hydrogen energy, 2011, 36: 12329-12332.

[72] TOWATA S I, NORITAKE T, ITOH A, et al. Effect of partial niobium and iron substitution on short-term cycle durability of hydrogen storage Ti-

Cr-V alloys[J]. International journal of hydrogen energy, 2013, 38(7): 3024-3029.

[73] SHEN C C, LI H C. Cyclic hydrogenation stability of γ-hydrides for $Ti_{25}V_{35}Cr_{40}$ alloys doped with carbon[J]. Journal of alloys and compounds, 2015, 648: 534-539.

[74] YAN Y G, CHEN Y H, WU C L, et al. A low-cost BCC alloy prepared from a FeV80 alloy with a high hydrogen storage capacity[J]. Journal of power sources, 2007, 164(2): 799-802.

[75] MI J, LÜ F, LIU X P, et al. Enhancement of cerium and hydrogen storage property of a low-cost Ti-V based BCC alloy prepared by commercial ferrovanadium[J]. Journal of rare earths, 2010, 28(5): 781-784.

[76] 刘守平, 徐安莲, 周上祺, 等. 用工业 V_2O_5 直接制备钒基固溶体储氢合金[J]. 材料导报, 2006, 20(7): 144-146.

[77] KUMAR S, TAXAK M, KRISHNAMURTHY N. Synthesis and hydrogen absorption kinetics of V4Cr4Ti alloy[J]. Journal of thermal analysis and calorimetry, 2013, 112: 51-57.

[78] KUMAR S, TAXAK M, KRISHNAMURTHY N. Hydrogen absorption kinetics of V4Cr4Ti alloy prepared by aluminothermy[J]. International journal of hydrogen energy, 2012, 37: 3283-3291.

[79] CLEMENTI E, RAIMONDI D L, REINHARDT W P. Atomic screening constants from SCF functions. II. atoms with 37 to 86 electrons[J]. Journal of chemical physics, 1967, 47(4): 1300-1306.

[80] CHOI S W, HAN C S, PARK C N, et al. The hydrogen storage characteristics of Ti-Cr-V alloys[J]. Journal of alloys and compounds, 1999, 288 (1/2): 294-298.

[81] VEGARD L. Die konstitution der mischkristalle und die raumfüllung der atome[J]. Zeitschrift für physik, 1921, 5(1): 17-26.

[82] FISCHER P, HÄLG W, SCHLAPBACH L, et al. Deuterium storage in Fe-Ti. measurement of desorption isotherms and structural studies by means of neutron diffraction[J]. Materials research bulletin, 1978, 13(9): 931-946.

[83] TAMURA T, TOMINAGA Y, MATSUMOTO K, et al. Protium absorp-

tion properties of Ti-V-Cr-Mn alloys with a b. c. c. structure[J]. Journal of alloys and compounds, 2002, 330: 522-525.

[84] NAKAMURA Y, OIKAWA K, KAMIYAMA T, et al. Crystal structure of two hydrides formed from a Ti-V-Mn BCC solid solution alloy studied by time-of-flight neutron powder diffraction-a NaCl structure and a CaF$_2$ structure[J]. Journal of alloys and compounds, 2001, 316: 284-289.

[85] PANG Y P, LI Q. A review on kinetic models and corresponding analysis methods for hydrogen storage materials[J]. International journal of hydrogen energy, 2016, 41: 18072-18087.

[86] MARTIN M, GOMMEL C, BORKHART C, et al. Absorption and desorption kinetics of hydrogen storage alloys[J]. Journal of alloys and compounds, 1996, 238: 193-201.

[87] LI Q, CHOU K C, LIN Q, et al. Hydrogen absorption and desorption kinetics of Ag-Mg-Ni alloys[J]. International journal of hydrogen energy, 2004, 29: 843-849.

[88] BLOCH J, MINTZ M H. Kinetics and mechanisms of metal hydrides formation: a review[J]. Journal of alloys and compounds, 1997, 253: 529-541.

[89] CRANK J. The mathematics of diffusion[M]. 2nd ed. Oxford: Oxford University Press, 1975.

[90] REILLY J J, WISWALL R. The higher hydride of vanadium and niobium[J]. Inorganic chemistry, 1970, 9(7): 1678-1682.

[91] ONO S, NOMURA K, IKEDA Y. The reaction of hydrogen with alloys of vanadium and titanium[J]. Journal of the less common metals, 1980, 72: 159-165.

[92] LYNCH J F, REILLY J J, MILLOT F. The absorption of hydrogen by binary vanadium chromium alloys[J]. Journal of physics and chemistry of solids, 1978, 39: 883-890.

[93] ARASHIMA H, TAKAHASHI F, EBISAWA T, et al. Correlation between hydrogen absorption properties and homogeneity of Ti-Cr-V alloys[J]. Journal of alloys and compounds, 2003, 356: 405-408.

[94] PINE D J, COTTS R M. Diffusion and electrotransport of hydrogen and deuterium in vanadium-chromium alloys[J]. Physical review B, 1983, 28(2): 641-647.

[95] MIRAGLIA S, RANGO P, RIVOIRARD S, et al. Hydrogen sorption properties of compounds based on BCC $Ti_{1-x}V_{1-y}Cr_{1+x+y}$ alloys[J]. Journal of alloys and compounds, 2012, 536: 1-6.

[96] 童桂容, 陈云贵, 吴朝玲, 等. V_{40}-Fe_8-Ti-Cr(Ti/Cr=0.95~1.20)合金的结构与吸放氢特性[J]. 稀有金属材料与工程, 2009, 38(5): 816-820.

[97] MAZZOLAI G, COLUZZI B, BISCARINI A, et al. Hydrogen-storage capacities and H diffusion in bcc TiVCr alloys[J]. Journal of alloys and compounds, 2008, 466: 133-139.

[98] YOO J H, SHIM G, CHO S W, et al. Effects of desorption temperature and substitution of Fe for Cr on the hydrogen storage properties of $Ti_{0.32}Cr_{0.43}V_{0.25}$ alloy[J]. International journal of hydrogen energy, 2007, 32: 2977-2981.

[99] TAXAK M, KUMAR S, KALEKAR B, et al. Effect of Ni addition on the solubility of hydrogen in tantalum[J]. International journal of hydrogen energy, 2013, 38(18): 7561-7568.

[100] 陈晓宇. 多元 Ti-V-Mn 系储氢合金的显微组织与吸放氢性能[D]. 哈尔滨: 哈尔滨工业大学, 2019.

[101] KURIIWA T, MARUYAMA T, KAMEGAWA A, et al. Effects of V content on hydrogen storage properties of V-Ti-Cr alloys with high desorption pressure[J]. International journal of hydrogen energy, 2010, 35(17): 9082-9087.

[102] DARREN P. Broom hydrogen storage materials: the characterisation of their storage properties[M]. Warrington: Springer, 2011.

[103] 李荣. 钒基固溶体储氢材料的研究[D]. 重庆: 重庆大学, 2005.

[104] MATSUDA J, AKIBA E. Lattice defects in V-Ti BCC alloys before and after hydrogenation[J]. Journal of alloys and compounds, 2013, 581: 369-372.

[105] CHEN Z W, XIAO X Z, CHEN L X, et al. Development of Ti-Cr-Mn-

Fe based alloys with high hydrogen desorption pressures for hybrid hydrogen storage vessel application[J]. International journal of hydrogen energy, 2013, 38(29): 12803-12810.

[106] SUWARNO S, SOLBERG J K, MAEHLEN J P, et al. Influence of Cr on the hydrogen storage properties of Ti-rich Ti-V-Cr alloys[J]. International journal of hydrogen energy, 2012, 37(9): 7624-7628.

[107] KAMEGAWA A, TAMURA T, TAKAMURA H, et al. Protium absorption-desorption properties of Ti-Cr-Mo bcc solid solution alloys[J]. Journal of alloys and compounds, 2003, 356/357: 447-451.

[108] HANG Z M, XIAO X Z, LI S Q, et al. Influence of heat treatment on the microstructure and hydrogen storage properties of $Ti_{10}V_{77}Cr_6Fe_6Zr$ alloy [J]. Journal of alloys and compounds, 2012, 529: 128-133.

[109] ZHU Y F, PAN H G, GAO M X, et al. A study on improving the cycling stability of $(Ti_{0.8}Zr_{0.2})(V_{0.533}Mn_{0.107}Cr_{0.16}Ni_{0.2})_4$ hydrogen storage electrode alloy by means of annealing treatment. II. effects on the electrochemical properties[J]. Journal of alloys and compounds, 2003, 348(1/2): 301-308.

[110] RONG M H, WANG F, WANG J, et al. Effect of heat treatment on hydrogen storage properties and thermal stability of $V_{68}Ti_{20}Cr_{12}$ alloy[J]. Progress in natural science-materials international, 2017, 27(5): 543-549.

[111] HALIM Y F A, SULAIMAN N N, ISMAIL M. Understanding the dehydrogenation properties of MgH_2 catalysed by Na_3AlF_6[J]. International journal of hydrogen energy, 2019, 44(58): 30583-30590.

[112] KUMAR S, JAIN A, KOJIMA Y. Thermodynamics and kinetics of hydrogen absorption-desorption of vanadium synthesized by aluminothermy [J]. Journal of thermal analysis and calorimetry, 2017, 130: 721-726.

[113] WU E D, LI W H, LI J. Extraordinary catalytic effect of Laves phase Cr and Mn alloys on hydrogen dissociation and absorption[J]. International journal of hydrogen energy, 2012, 37: 1509-1517.

[114] WU T D, XUE X Y, ZHANG T B, et al. Microstructures and hydrogenation properties of $(ZrTi)(V_{1-x}Al_x)_2$ laves phase intermetallic compounds

[J]. Journal of alloys and compounds, 2015, 645: 358-368.

[115] RUZ P, BANERJEE S, HALDER R, et al. Thermodynamics, kinetics and microstructural evolution of $Ti_{0.43}Zr_{0.07}Cr_{0.25}V_{0.25}$ alloy upon hydrogenation[J]. International journal of hydrogen energy, 2017, 42: 11482-11492.

[116] IVEY D G, NORTHWOOD D O. Storing energy in metal hydrides[J]. Journal of materials science, 1983, 18(2): 321-347.

[117] BRATANICH T I, SKOROKHOD V V, KOPYLOVA L I, et al. Ti_3Al destructive hydrogenation[J]. International journal of hydrogen energy, 2011, 36: 1276-1286.

[118] REILLY J J, WISWALL R H. The higher hydrides of vanadium and niobium[J]. Inorganic chemistry, 1970, 9(7): 1678-1682.

[119] WOLVERTON C, OZOLINŠ V, ASTA M. Hydrogen in aluminum: first-principles calculations of structure and thermodynamics[J]. Physical review B, 2004, 69(14):144109.

[120] AFSHARI M. Structural and magnetic properties of $LaNi_5$ and $LaNi_{3.94}Al_{1.06}$ alloys, before and after hydrogenation[J]. Journal of superconductivity and novel magentism, 2017, 30(8): 2255-2259.

[121] KARWOWSKA M, FIJALKOWSKI K J, CZERWINSKI A A. Corrosion of hydrogen storage metal alloy $LaMm-Ni_{4.1}Al_{0.3}Mn_{0.4}Co_{0.45}$ in the aqueous solutions of alkali metal hydroxides[J]. Materials, 2018, 11(12): 2423.

[122] YAO Z D, LIU L X, XIAO X Z, et al. Effect of rare earth doping on the hydrogen storage performance of $Ti_{1.02}Cr_{1.1}Mn_{0.3}Fe_{0.6}$ alloy for hybrid hydrogen storage application[J]. Journal of alloys and compounds, 2018, 731: 524-530.

[123] WANG X H, CHEN R G, CHEN C P, et al. Hydrogen storage properties of Ti_xFe+y wt. % La and its use in metal hydride hydrogen compressor[J]. Journal of alloys and compounds, 2006, 425: 291-295.

[124] SINGH B K, CHO S W, BARTWAL K S. Microstructure and hydrogen storage properties of $(Ti_{0.32}Cr_{0.43}V_{0.25})+x$ wt% La ($x=0-10$) alloys[J].

International journal of hydrogen energy, 2014, 39(16): 8351-8356.

[125] O'BRIEN W L, ROWE E A. Some effects of yttrium and rare-earth-metal additions on electrorefined vanadium [R]. Washington, D. C.: United States Department of The Interior, Bureau of Mines Repor, 1964.

[126] SMITH J F, LEE K J. Phase diagrams of binary vanadium alloys[M]. Ohio: American Society for Metals, Metal Park, 1989.

[127] MURRAY J L. The La−Ti(Lanthanum-Titanium)system, phase diagrams of binary titanium alloys[M]. Ohio: American Society for Metals, Metal Park, 1987.

[128] MATTERN N, YOKOYAMA Y, MIZUNO A, et al. Experimental and thermodynamic assessment of the La−Ti and La−Zr systems[J]. Calphad, 2016, 52: 8-20.

[129] JAIN I P, LAL C, JAIN A. Hydrogen storage in Mg: a most promising material[J]. International journal of hydrogen energy, 2010, 35(10): 5133-5144.

[130] ZALUSKA A, ZALUSKI L, STROM-OLSEN J O. Nanocrystalline magnesium for hydrogen storage[J]. Journal of alloys and compounds, 1999, 288(1/2): 217-225.

[131] VIGEHOLM B, KJOLLER J, LARSEN B, et al. Formation and decomposition of magnesium hydride[J]. Journal of the less-common metals, 1983, 89: 135-144.

[132] WANG J S, LI Y, LIU T, et al. Synthesis of Mg-based composite material with in-situ formed LaH_3 and its hydrogen storage characteristics[J]. Journal of rare earths, 2018, 36(7): 739-744.

[133] ZHU X L, PEI L C, ZHAO Z Y, et al. The catalysis mechanism of La hydrides on hydrogen storage properties of MgH_2 in MgH_2 + x wt. % LaH_3 (x = 0, 10, 20, 30) composites[J]. Journal of alloys and compounds, 2013, 577: 64-69.

[134] LUO W L, ZENG X H, XIE A D. The thermodynamics calculation of lanthanum hydrogen reaction[J]. Advances in material chemistry, 2015, 3: 1-6.

［135］ WU C L, YAN Y G, CHEN Y G, et al. Effect of rare earth(RE)ele-ments on V-based hydrogen storage alloys[J]. International journal of hy-drogen energy, 2008, 33(1): 93-97.

［136］ TANAKA K, MIWA T, SASAKI K, et al. TEM studies of nanostructure in melt-spun Mg-Ni-La alloy manifesting enhanced hydrogen desorbing kinetics[J]. Journal of alloys and compounds, 2009, 478(1/2): 308-316.

［137］ SHIRASAKI K, TAMURA T, KURIIWA T, et al. Cyclic properties of protium absorption-desorption in Ti-Cr-V alloys[J]. Materials transac-tions, 2002, 43(5): 1115-1119.

［138］ DENYS R V, POLETAEV A A, SOLBERG J K, et al. $LaMg_{11}$ with a gi-ant unit cell synthesized by hydrogen metallurgy: crystal structure and hy-drogenation behavior[J]. Acta materialia, 2010, 58(7): 2510-2519.

［139］ KIM J B, HAN G, KWON Y, et al. Thermal design of a hydrogen stor-age system using $La(Ce)Ni_5$[J]. International journal of hydrogen ener-gy, 2020, 45(15): 8742-8749.

［140］ YANG T, WANG P, XIA C Q, et al. Effect of chromium, manganese and yttrium on microstructure and hydrogen storage properties of TiFe-based alloy[J]. International journal of hydrogen energy, 2020, 45(21): 12071-12081.

［141］ LI Y M, LIU Z C, ZHANG G F, et al. Nanocrystalline $Mg_{80}Y_4Ni_8Cu_8$ alloy with sub-10 nm microstructure and excellent hydrogen storage cycling stability prepared by nanocrystallization[J]. Intermetallics, 2019, 111: 106475-1-106475-6.

［142］ 戴永年. 二元合金相图集[M]. 北京: 科学出版社, 2009.

［143］ WANG R. Solubility and stability of liquid-quenched metastable h. c. p. solid solutions[J]. Materials science and engineering, 1976, 23(2/3): 135-140.

［144］ 刘会群. 金属 Sc 对钛合金组织与性能的影响[D]. 长沙: 中南大学, 2004.

［145］ PRESSOUYRE G M, BERNSTEIN I M. A kinetic trapping model for hydrogen-induced cracking[J]. Acta metallurgica, 1979, 27(1): 89-93.

[146] ASAOKA T, DAGBERT C, AUCOUTURIER M. Quantitive study, by high-resolution auto-radiography, and degassing at different temperatures, of the trapping of hydrogen in a Fe O, 15% Ti ferrite[J]. Scripta metallurgica, 1977, 11(6): 467-469.

[147] HOFFMAN R E. Anisotropy of grain boundary self-diffusion[J]. Acta metallurgica, 1956, 4(1): 97-98.